AF626307

Praktisches Rechenbuch

von

Dr. J. Götz,

Professor der Mathematik am Gymnasium zu Deßau und Mitgliede mehrerer gelehrten Gesellschaften.

Berlin,

bei G. Reimer.

1841.

Druck von G. Froebel in Rudolstadt.

Vorrede.

In diesem Rechenbuche finden sich die hauptsächlichsten Erklärungen Regeln und Aufgaben, wie sie in einer Anleitung zum gewöhnlichen Rechnen nöthig erscheinen. Obschon das Buch zunächst nur für diejenigen bestimmt ist, die entweder in möglichst kurzer Zeit das praktische Rechnen zu erlernen oder vergessene Regeln sich wieder einzuüben wünschen; so wird es doch auch in Schulen unter der Bedingung brauchbar sich erweisen, daß der Lehrer die fehlenden Beweise mündlich vorträgt. Diese letztern sind in der dritten Auflage meiner Rechenkunst enthalten, die außerdem noch viele, in diesem Rechenbuche nur angedeutete, Lehren auf das vollständigste entwickelt hat.

Deßau, den 3. December 1840.

Der Verfasser.

Inhalt.

Erstes Kapitel.

Von dem Numeriren.

§. 1.

Die ganzen Zahlen, oder kürzer die Zahlen, entstehen durch fortwährendes Setzen der Einheit, und bilden eine ununterbrochene Reihe, welche man die Zahlenreihe nennt. Die ersten Zahlen dieser Reihe drückt man durch die Worte:

Eins, Zwei, Drei, Vier, Fünf, Sechs, Sieben, Acht, Neun,

aus; auch wird die Zahl Eins eine Einheit oder ein Einer genannt.

§. 2.

Die ganze Masse der Zahlen wird in gewisse Klassen oder Ordnungen eingetheilt und jede dieser Klassen besonders benannt. So heißt z. B. die niedrigste die Klasse der Einer, die hierauf folgende die der Zehner, die nun folgenden die der Hunderter, Tausender, Zehntausender, Hunderttausender, Millioner u. s. w. — Es bilden aber bei diesen Klassen zehn Einer einen Zehner oder ein Zig, zehn Zehner einen Hunderter oder ein Hundert, zehn Hunderter einen Tausender oder ein Tausend, zehn Tausender einen Zehntausender oder ein Zehntausend, zehn Zehntausender einen Hunderttausender oder ein Hunderttausend, zehn Hunderttausender einen Millioner oder eine Million, u. s. w.

§. 3.

Eine Zahl, oder eine ihr entsprechende Anzahl Einheiten, heißt gezählt, bekannt oder gegeben, wenn man die Einer, Zehner, Hunderter, Tausender u. s. w. gefunden hat, woraus diese Zahl besteht. Ist aber die letztere etwa aus fünf Tausendern, vier Hundertern, sieben Zehnern und acht Einern zusammengesetzt, so wird folgendes Schema angefertigt:

fünf	vier	sieben	acht
Tausender	Hunderter	Zehner	Einer

und so in allen übrigen Fällen.

§. 4.

Man bezeichnet die neun ersten Zahlen der Zahlenreihe durch die Ziffern:

1, 2, 3, 4, 5, 6, 7, 8, 9,

und stellt die Null, welche das Nichtvorhandensein einer Zahl angeben soll, durch die Ziffer 0 *) dar. — Statt der im vorigen Paragraphen über dem Schema stehenden Zahlworte setzt man aber nun die ihnen entsprechenden Ziffern, und erhält deshalb für das in Rede stehende Schema das kürzere:

5	4	7	8
Tausender	Hunderter	Zehner	Einer

oder den noch kürzeren Ausdruck:

5478,

und so in allen ähnlichen Fällen.

§. 5.

Aus vorigem Paragraphen ergiebt sich folgende Regel: Die Anzahl der Einer, Zehner, Hunderter, Tausender u. s. w., welche eine gegebene Zahl enthält, wird dadurch bezeichnet, daß man die Ziffern, welche diese Anzahl angeben, neben einander, und zwar die Zif-

*) Die 0 wird, der Kürze wegen, ebenfalls eine Ziffer genannt.

fer der Einer in die letzte Stelle zur Rechten, die der Zehner in die nun (von der Rechten zur Linken) folgende, die der Hunderter in die hierauf folgende Stelle u. s. w. schreibt.

Anmerkung. Man wird leicht einsehen, daß eine Zahl nicht aus lauter Nullen zusammengesetzt sein kann.

§. 6.

Eine Zahl heißt eine ein-, zwei-, drei-, vierzifferige u. s. w., wenn sie aus einer, zwei, drei, vier Ziffern u. s. w. besteht. Die Einerstelle einer in Ziffern gegebenen Zahl heißt die erste, die Zehnerstelle die zweite, die Hunderterstelle die dritte Stelle u. s. w. Die Millionerstelle nennt man demzufolge die siebente, die Zehn-Millionerstelle die achte Stelle u. s. w.

§. 7.

Beim Lesen der Zahlen ist es nöthig, zu bemerken, daß man

statt	eines Zehners	gewöhnlich	zehn,
„	zwei Zehner	„	zwanzig,
„	drei „	„	dreißig,
„	vier „	„	vierzig,
„	fünf „	„	funfzig,
„	sechs „	„	sechszig,
„	sieben „	„	siebzig,
„	acht „	„	achtzig,
„	neun „	„	neunzig,
„	zehn und eins	„	elf,
„	zehn und zwei	„	zwölf,

statt vier Zehner und fünf Einer gewöhnlich fünf und vierzig, statt zwei Hunderter, drei Zehner und vier Einer gewöhnlich zwei Hundert, vier und dreißig u. s. w. sagt.

Auch wird beim Lesen mehrzifferiger Zahlen noch Folgendes bemerkt:

1) Man schneide zuerst in der zu lesenden vier-, fünf- oder sechszifferigen Zahl von der Rechten zur Linken 3 Ziffern ab, lese alsdann die noch übrigen Ziffern zur Linken gerade so, als wenn sie eine gewöhnliche ein-, zwei- oder dreizifferige Zahl darstellten, setze zu der gelesenen Zahl das Wort

Tausend, und lese hierauf die durch die drei ersten abgeschnittenen Ziffern ausgedrückte Zahl hinzu.

2) Enthält die zu lesende Zahl mehr als 6, und weniger als 13 Ziffern, so schneide man zuerst von der Rechten zur Linken 6 Ziffern ab, lese alsdann die noch übrigen Ziffern zur Linken gerade so, als wenn sie eine gewöhnliche ein=, zwei=, drei=, vier=, fünf= oder sechszifferige Zahl darstellten, setze zur gelesenen Zahl das Wort Million, und lese hierauf die durch die 6 ersten abgeschnittenen Ziffern bezeichnete Zahl hinzu.

3) Ist die gegebene Zahl aus mehr als 12 Ziffern zusammengesetzt, so findet das Lesen derselben (mit den nöthigen Abänderungen) auf die in Nro. 2. angegebene Weise Statt.

§. 8.

Das Schreiben zwei= oder dreizifferiger Zahlen findet ohne Schwierigkeit nach der in §. 5. gegebenen Regel Statt. So wird z. B. die Zahl fünf und vierzig durch 45, die Zahl ein Hundert sieben und zwanzig durch 127 ausgedrückt, u. s. w.

Beim Schreiben vier= oder mehrzifferiger Zahlen gelten aber folgende Regeln:

1) Beträgt die in Worten ausgedrückte Zahl mehr als ein Tausend und weniger als eine Million, so schreibt man die Zahl der Tausender zuerst hin, hängt ihr drei Punkte an, und füllt dieselben durch die hierher gehörigen Ziffern aus.

2) Ist die in Worten gegebene Zahl größer als eine Million und kleiner als eine Billion, so schreibt man zuerst die Zahl der Millionen hin, hängt derselben zur Rechten 6 Punkte an, und füllt diese Punkte durch die hierher gehörigen Ziffern aus.

3) Ist die in Worten ausgedrückte Zahl größer als eine Billion, so findet das Schreiben derselben (mit den nöthigen Abänderungen) auf die in Nro. 2. angegebene Weise Statt.

§. 9.

In Worten ausgedrückte Zahlen in Ziffern, und in Ziffern gegebene in Worten ausdrücken, heißt **Numeriren**.

§. 10.

Die der Zahlenreihe entsprechende **Zahlzeichen- oder Ziffernreihe heißt Zahlsystem**. Das in den vorigen Paragraphen erwähnte Zahlsystem, worin die 9 ersten Ziffern und die Null zur Bezeichnung aller Zahlen ausreichen, wird aber das dekadische oder das zehntheilige genannt.

§. 11.

Rechnen heißt: aus gegebenen Zahlen, auf irgend eine gegebene Weise, eine neue Zahl bilden. — Letztere wird das Resultat oder Facit, und dasjenige, was geschehen muß, um das Resultat oder Facit zu finden, die Auflösung oder die Rechnung genannt.

Zweites Kapitel.

Von dem Addiren, Subtrahiren, Multipliciren und Dividiren, oder von den vier Species der ganzen Zahlen.

§. 12.

Zwei oder mehrere Zahlen in eine einzige zusammen fassen, oder eine Zahl ermitteln, welche so groß ist, oder so viele Einheiten enthält, als zwei oder mehrere zusammen genommen, heißt Addiren. Die zu addirenden Zahlen nennt man die Summanden, und die aus ihnen hervorgehende Zahl die Summe. Die einzelnen Summanden (z. B. 3, 6 u. s. w.) werden aber gewöhnlich durch das Zeichen (+), welches plus, oder und, oder das Additionszeichen heißt, mit einander in Verbindung gesetzt.

§. 13.

Der Ausdruck: $3 + 6 = 9$, ausgesprochen: 3 plus 6, oder 3 und 6, gleich 9, so wie jeder ihm ähnliche Ausdruck, heißt eine Gleichung. Das Zeichen (=) nennt man das Gleichheitszeichen; und die links und rechts desselben stehenden Zahlzeichen: $3 + 6$ und 9: die Seiten der Gleichung. Letztere bezeichnen aber immer ein und dieselbe Zahl.

§. 14.

Das Addiren einzifferiger Zahlen findet auf die in §. 12. und §. 13. angegebene Weise Statt.

So ist z. B. $4 + 3 = 4 + 1 + 1 + 1 = 5 + 1 + 1 = 6 + 1 = 7$, oder

$$\begin{array}{r} 4 \\ 3 \\ \hline \text{Summe } 7. \end{array}$$

Auch ist $3 + 0 = 3$, und $0 + 0 = 0$, u. s. w.

Beim Addiren zwei- oder mehrzifferiger Zahlen gilt aber folgende Regel:

Man schreibe die zu addirenden Zahlen dergestalt unter einander, daß Einer unter Einer, Zehner unter Zehner, Hunderter unter Hunderter u. s. w. zu stehen kommen, und mache unter die letzte dieser Zahlen einen Querstrich. Nun addire man alle Einer, Zehner, Hunderter u. s. w. zu einander, und setze die hierdurch entstandenen einzelnen Summen jedesmal unter ihre Summanden, wenn diese Summen einzifferig sind; setze dagegen nur ihre letzte Ziffer zur Rechten unter ihre Summanden und vermehre die nun folgende Summe um die zweite Ziffer, wenn diese Summen als zweizifferige Zahlen erscheinen. Sind die so eben bemerkten Summen aber dreizifferig, so setze man die letzte Ziffer zur Rechten unter ihre Summanden, und vermehre die nun folgende Summe um die von den beiden andern Ziffern gebildete Zahl u. s. w.

Soll man z. B. 345, 26, 7425 und 6482 zu einander addiren, so ergiebt sich, dem so eben Gesagten zufolge:

$$\begin{array}{r} 345 \\ 26 \\ 7425 \\ 6482 \\ \hline \text{Summe } 14278, \end{array}$$

u. s. w.

§. 15.

Aus vorigem Paragraphen ergiebt sich, daß bei zwei oder mehreren zu addirenden Zahlen die Reihenfolge der Summanden beliebig verändert werden kann.

So ist z. B. $3 + 4 = 4 + 3$, $5 + 6 + 2 = 2 + 5 + 6$, u. s. w.

§. 16.

Gleiches zu Gleichem addirt, giebt Gleiches.

Ist z. B. $\left\{\begin{array}{r} 6 = 4 + 2 \\ \text{und } 5 + 3 = 8, \end{array}\right\}$

so folgt $6 + 5 + 3 = 4 + 2 + 8$,

oder $14 = 14$, u. s. w.

§. 17.

Subtrahiren heißt: eine Zahl ermitteln, welche, wenn man eine gegebene Zahl zu ihr addirt, eine gleichfalls bekannte Zahl erzeugt.

Soll man z. B. eine Zahl (hier 9) ermitteln, welche, wenn man die gegebene 7 zu ihr addirt, die bekannte Zahl 16 erzeugt (oder welche um 7 kleiner als 16 ist), so sagt man: die Zahl 7 soll von 16 subtrahirt oder abgezogen werden, und stellt, um dies auszudrücken, das Zeichen 16—7 hin. Man nennt aber die Zahl 16, von welcher subtrahirt werden soll, den Minuenden; die Zahl 7, welche abgezogen werden soll, den Subtrahenden; den zwischen diesen Zahlen stehenden Strich (—) das Minus- oder das Subtraktionszeichen, und spricht das Zeichen 16—7 aus: „16 minus 7, oder 16 weniger 7." Man nennt endlich diejenige Zahl (9), welche, wenn man den Subtrahenden (7) zu ihr addirt, den Minuenden (16) hervorbringt, die Differenz, den Unterschied, oder den Rest der beiden Zahlen 16 und 7, und setzt gewöhnlich das Gleichheitszeichen zwischen 16 — 7 und 9. So ist z. B. 16 — 7 = 9, u. s. w.

§. 18.

Das Subtrahiren einzifferiger Zahlen findet auf die im vorigen Paragraphen angegebene Weise Statt.

So ergiebt sich z. B. 8 — 2 = 6, oder:

8 Minuend,
2 Subtrahend,
―――
6 Rest.

Eben so ist 5 — 0 = 5, und 0 — 0 = 0, u. s. w.

Soll man aber eine ein-, zwei- oder mehrzifferige Zahl von einer andern zwei- oder mehrzifferigen Zahl subtrahiren, so stelle man den Subtrahenden dergestalt unter den Minuenden, daß Einer unter Einer, Zehner unter Zehner, Hunderter unter Hunderter u. s. w. zu stehen kommen, mache alsdann unter erstern einen Querstrich und subtrahire die Einer, Zehner, Hunderter u. s. w. des Subtrahenden von den Einern, Zehnern, Hundertern u. s. w. des Minuenden.

Bei dieser Subtraktion sind aber entweder 1) alle Ziffern des

Minuenden größer, als die unter ihnen stehenden des Subtrahenden; oder 2) eine oder mehrere Ziffern des Minuenden kleiner, als die darunter stehenden des Subtrahenden, dagegen die diesen Ziffern im Minuenden zur Linken stehende Zahl nicht 0; oder 3) eine oder mehrere Ziffern des Minuenden kleiner, als die unter ihnen stehenden des Subtrahenden, aber eine oder mehrere auf diese Ziffern im Minuenden zur Linken folgende Stellen 0.

In Nro. 1. subtrahirt man ohne Weiteres alle Ziffern des Subtrahenden von den über ihnen stehenden des Minuenden, und setzt die hierdurch entstehenden Reste in derselben Ordnung unter den Subtrahenden.

In Nro. 2. subtrahirt man ebenfalls alle Ziffern des Subtrahenden von den über ihnen stehenden des Minuenden, nimmt aber da, wo eine obere Ziffer kleiner als die darunter stehende ist, im Minuenden von der nächsten Ziffer zur Linken eine 1, vermehrt die in Rede stehende Ziffer des Minuenden um 10 und subtrahirt von dieser Summe die zugehörige Ziffer des Subtrahenden.

In Nro. 3. zieht man wiederum alle Ziffern des Subtrahenden von den über ihnen stehenden des Minuenden ab, vermehrt aber da, wo eine obere Ziffer kleiner als die darunter stehende ist und ersterer zur Linken eine oder etliche Nullen stehen, diese obere Ziffer um 10, subtrahirt von dieser Summe die unter ihr stehende Ziffer, betrachtet die nun im Minuenden folgenden Nullen als Neunen, subtrahirt von denselben die zugehörigen Ziffern des Subtrahenden und vermindert die neben der letztern Null zur Linken stehende Ziffer um 1.

Soll man z. B. a) von 69876 die Zahl 25733, b) von 54236 die Zahl 23453, und c) von 5600342 die Zahl 2134510 subtrahiren, so erhält man, dem so eben Gesagten zufolge:

a) 69876 Minuend,
25733 Subtrahend,
44143 Rest,

b) 54.2.36 Minuend,
23 4 53 Subtrahend,
30 7 83 Rest,

und c) 56.0.0.342 Minuend,
21 3 4 510 Subtrahend,
34 6 5 832 Rest.

§. 19.

Gleiches von Gleichem subtrahirt, giebt Gleiches.

Ist z. B. $\left\{\begin{array}{r} 10 = 7 + 3 \\ \text{und } 2 = 2, \end{array}\right\}$

so folgt $10 - 2 = (7 + 3) - 2$,

oder $8 = 10 - 2$,

oder $8 = 8$, u. s. w.

§. 20.

Multipliciren heißt: eine gegebene Zahl so viel Mal nehmen, oder so viel Mal als Summand betrachten, als eine andere anzeigt.

Soll man aber eine Zahl (z. B. 6) vier mal nehmen oder vier mal als Summand betrachten, so drückt man dieses durch das Zeichen $6 \,.\, 4$ oder 6×4 aus, und sagt: **die Zahl 6 soll mit 4 multiplicirt** werden.

Man nennt aber in $6 \,.\, 4$ die Zahl 6, welche multiplicirt werden soll, **den Multiplikanden**; die Zahl 4, womit multiplicirt werden soll, den **Multiplikator**, auch **beide die Faktoren**; das zwischen diesen Zahlen stehende Zeichen (. oder $\times$) **das Multiplikationszeichen**, und spricht den Ausdruck $6 \,.\, 4$ oder 6×4 aus: **6 multiplicirt mit 4**, oder **6 mal 4** *). Die durch das Multipliciren entstandene Zahl (24) wird aber **das Produkt der beiden Zahlen 6 und 4 genannt**, und es ist deshalb:

$$6 \,.\, 4 = 6 + 6 + 6 + 6 = 24,$$

und so in allen übrigen Fällen.

§. 21.

Die Multiplikation zweier einzifferigen Zahlen findet nach vorigem Paragraphen Statt.

So ist z. B. $5 \,.\, 3 = 5 + 5 + 5 = 15$, oder:

5 Multiplikand,
3 Multiplikator,
15 Produkt.

Auch ist $0 \,.\, 6 = 6 \,.\, 0 = 0$, und $1 \,.\, 6 = 6 \,.\, 1 = 6$, u. s. w.

---

*) Eigentlich: 6 **vier mal**, welches Letztere aber beim Lesen und Schreiben der Gleichungen zu unbequem sein würde.

Soll man aber eine zwei= oder mehrzifferige Zahl mit einer einzifferigen multipliciren, so multiplicire man von der Rechten zur Linken jede Ziffer des Multiplikanden mit dem Multiplikator, und setze die nach und nach erhaltenen Produkte in ihre bestimmten Stellen, wenn diese Produkte einzifferig sind; setze aber nur ihre letzte Ziffer zur Rechten in die so eben bemerkten Stellen und zähle ihre andere Ziffer mit zur folgenden Stelle, wenn diese Produkte als zweizifferige Zahlen erscheinen.

Soll man z. B. 3456 mit 2 multipliciren, so ergiebt sich, dem so eben Gesagten zufolge:

3456	Multiplikand,
2	Multiplikator,
6912	Produkt.

§. 22.

Soll man eine zwei= oder mehrzifferige Zahl mit einer andern zwei= oder mehrzifferigen Zahl multipliciren, so stelle man die kleinere dergestalt unter die größere, daß Einer unter Einer, Zehner unter Zehner, Hunderter unter Hunderter u. s. w. zu stehen kommen, mache hierauf unter die unterste Zahl (d. h. unter den Multiplikator einen Querstrich, multiplicire alsdann den ganzen Multiplikanden nach und nach mit der in der Einer=, Zehner, Hunderter u. s. w. Stelle stehenden Ziffer des Multiplikators, setze aber die Reihen, welche sich nach und nach ergeben, so unter einander, daß jede folgende um eine Stelle zur Linken eingerückt wird, und addire endlich diese Reihen gerade so, wie sie unter einander stehen.

Soll man demzufolge 3457 mit 235 multipliciren, so ergiebt sich:

3457	Multiplikand,
235	Multiplikator,
17285	
10371	
6914	
812395	Produkt.

Anmerkung. Eine Zahl wird mit 10, 100, 1000 u. s. w. multiplicirt, wenn man ihr eine, zwei, drei u. s. w. Nullen anhängt.

§. 23.

Aus §. 20—22. ergiebt sich: daß bei zwei oder meh=

reren zu multiplicirenden Zahlen die Reihenfolge der Faktoren beliebig verändert werden kann.

So ist z. B. $3 . 5 = 5 . 3$, $2 . 3 . 4 = 4 . 2 . 3$, u. s. w.

§. 24.

Gleiches mit Gleichem multiplicirt, giebt Gleiches.

Ist z. B. $\left.\begin{array}{r} 16 = 12 + 4 \\ \text{und } 2 = 2, \end{array}\right\}$

so folgt $16 . 2 = (12 + 4) . 2$,

oder $32 = 16 . 2$,

oder $32 = 32$, u. s. w.

§. 25.

Dividiren heißt: eine Zahl ermitteln, welche, mit einer gegebenen Zahl multiplicirt, eine gleichfalls bekannte Zahl erzeugt.

Soll man z. B. eine Zahl (hier 5) ermitteln, welche, mit der gegebenen 3 multiplicirt, die bekannte Zahl 15 erzeugt (oder welche der dritte Theil von 15 ist), so sagt man: die Zahl 15 soll durch 3, oder die Zahl 3 in 15 dividirt werden, und stellt, um dies auszudrücken, das Zeichen $15 : 3$, oder $\frac{15}{3}$ hin.

Man nennt aber in $\frac{15}{3}$ oder in $15 : 3$ die Zahl 15, worin dividirt werden soll, den Dividenden; die Zahl 3, womit dividirt werden soll, den Divisor, das Zeichen (— oder :) das Divisionszeichen, und spricht den Ausdruck $\frac{15}{3}$ oder $15 : 3$ aus: 15 dividirt durch 3, oder 3 dividirt in 15.

Die Zahl (hier 5), welche, mit dem Divisor (3) multiplicirt, den Dividenden (15) erzeugt, wird endlich der Quotient der beiden Zahlen 15 und 3 genannt, und gewöhnlich das Zeichen = zwischen $\frac{15}{3}$ und 5 gesetzt.

Es ist also $\frac{15}{3} = 5$, oder $15 : 3 = 5$, und so in allen übrigen Fällen.

§. 26.

Soll man eine ein- oder zweizifferige Zahl durch eine einzifferige dividiren, und ist der sich ergebende Quotient selbst wieder einzifferig, so geht derselbe nach §. 25.) durch bloßes Multipliciren hervor.

So ergiebt sich z. B. $36 : 4 = 9$, weil $9 . 4 = 36$ ist, u. s. w. Auch ist $\frac{0}{8} = 0$, und $\frac{6}{1} = 6$, u. s. w.

§. 27.

Wenn eine zwei- oder mehrzifferige Zahl durch eine zwei- oder mehrzifferige Zahl dividirt werden soll und der sich ergebende Quotient selbst wieder einzifferig ist, so wird derselbe durch bloßes Probiren ermittelt.

So ist z. B. 326 : 163 = 2, weil 2 . 163 = 326 giebt, u. s. w.

§. 28.

Soll eine mehrzifferige Zahl (etwa **2456**) in eine andere mehrzifferige (z. B. in **1267296**) dividirt werden, so verfährt man auf folgende Weise:

Man stellt zuerst den Divisor vor den Dividenden, macht zwischen beide einen Vertikalstrich und schneidet alsdann im Dividenden (**1267296**) von der Linken zur Rechten so viele Stellen ab, als der Divisor (**2456**) Ziffern enthält, und, im Falle die erste Ziffer des letztern größer als die des erstern (wie in gegenwärtigem Beispiele) ist, noch eine mehr, und bestimmt nach vorigem Paragraphen den Quotienten **5** und den zugehörigen Rest **392**. Diesen Quotienten (**5**) stellt man jetzt zur Rechten des Dividenden (**1267296**), setzt zum Reste **392** die nächste Ziffer (**9**) des Dividenden, und dividirt die hierdurch entstandene Zahl **3929** ebenfalls durch den Divisor. Den nun erhaltenen Quotienten (**1**) setzt man hinter den bei der ersten Division sich ergebenden (**5**), hängt dem neuen Reste (**1473**) die nun im Dividenden folgende Ziffer (**6**) an und dividirt die sich jetzt ergebende Zahl (**14736**) auf die so eben beschriebene Weise durch den Divisor. Man erhält aber bei dieser letztern Division den Quotienten **6**, welchen man hinter den Quotienten **51** setzt, und den Rest **0**, und es ist deshalb **516** der vollständige Quotient der beiden Zahlen **1267296** und **2456**.

Das so eben beschriebene Divisions-Verfahren wird aber in folgender Form dargestellt:

```
Divisor. Dividend. Quotient.
  2456 | 1267296 | 516
         12280..
         -------
          3929
          2456
         -------
          14736
          14736
         -------
              0  Rest.
```

Auch werden alle übrigen Divisionen auf dieselbe Weise ausgeführt, wenn man nur bedenkt, daß der Rest nicht nothwendig gleich Null ist, sondern auch eine ein-, zwei- oder mehrzifferige Zahl sein kann.

Soll man z. B. 34561 durch 213 dividiren, so erhält man auf die im vorigen Paragraphen angegebene Weise:

Divisor. Dividend. Quotient.

$$\begin{array}{r|l|l} 213 & 34561 & 162 \\ & 213.. & \\ \hline & 1326 & \\ & 1278 & \\ \hline & \ \ 481 & \\ & \ \ 426 & \\ \hline & \ \ \ 55 \text{ Rest}, & \end{array}$$

u. s. w.

Anmerkung. Eine Zahl wird durch 10, 100, 1000 u. s. w. dividirt, wenn man von der Rechten zur Linken eine, zwei, drei Ziffern u. s. w. davon abschneidet. Auch wird eine Zahl mit 25 multiplicirt, wenn man derselben 2 Nullen anhängt und den hierdurch entstandenen Ausdruck durch 4 dividirt, u. s. w.

§. 29.

Gleiches durch Gleiches dividirt, giebt Gleiches.

Ist z. B. $\left\{\begin{array}{r} 22 = 28 - 6 \\ \text{und } 2 = 2, \end{array}\right\}$

so folgt $\frac{22}{2} = \frac{28-6}{2},$

oder $11 = \frac{22}{2},$

oder $11 = 11,$ u. s. w.

§. 30.

Wenn zwei Zahlen einer dritten gleich sind, so sind sie sich selber gleich.

Ist z. B. $\left\{\begin{array}{r} 6 = 4 + 2 \\ \text{u. } 4 + 2 = 9 - 3 \end{array}\right\}$ so folgt $6 = 9 - 3$; und ist ferner $\left\{\begin{array}{r} 8 = 2 . 4 \\ \text{u. } 2 . 4 = \frac{24}{3}, \end{array}\right\}$ so ergiebt sich $8 = \frac{24}{3}$, u. s. w.

§ 31.

Um sich von der Richtigkeit des Addirens zu überzeugen, oder eine Probe darüber anzustellen, addire man entweder die einzelnen Summanden etliche mal, und bemerke, ob sich jedesmal die nämliche Summe ergiebt; oder lasse den obersten Summanden weg, addire die übrigen zu einander, subtrahire die letztere Summe von dem als Summe sich ergebenden Resultate, und sehe zu, ob die hierdurch entstandene Differenz dem obersten Summanden entspricht, u. s. w.

Die Probe beim Subtrahiren besteht darin, daß man den Subtrahenden zum Rest, oder den Rest zum Subtrahenden addirt, und zusieht, ob der Minuend als Summe sich ergiebt.

Die Probe beim Multipliciren beruht darauf, daß man das Produkt durch einen der Faktoren dividirt, und zusieht, ob der andere Faktor als Quotient entsteht; und die Probe beim Dividiren besteht darin, daß man den Quotienten mit dem Divisor, oder den Divisor mit dem Quotienten multiplicirt, und bemerkt, ob das hierdurch entstandene Produkt dem Dividenden entspricht.

Drittes Kapitel.

Von einigen Eigenschaften der ganzen Zahlen.

§. 32.

Läßt sich eine Zahl (etwa 16) durch eine andere (z. B. 2) ohne Rest dividiren, so sagt man: die Zahl 16 ist durch 2 theilbar, und nennt letztere Zahl (2) einen Theiler der erstern (16). Ist aber der bei dieser Division entstandene Quotient (hier 8) größer als 1, so wird der Dividend ein Vielfaches des Divisors genannt.

§. 33.

Eine Zahl heißt gerade, wenn sie durch 2 theilbar, und ungerade, wenn dies nicht der Fall ist.

Es sind demgemäß 2, 4, 6, 8 u. s. w. gerade, und 1, 3, 5, 7 u. s. w. ungerade Zahlen.

Eine Zahl (z. B. 5), welche nur durch sich selbst und durch 1 theilbar ist, wird eine Primzahl, eine Zahl (etwa 6), welche aber durch sich selbst, durch 1 und noch durch eine oder mehrere Zahlen theilbar ist, eine zusammengesetzte genannt. Diejenigen Primzahlen (z. B. 2, 3, 5), welche, mit einander multiplicirt, irgend eine Zahl (hier 30) erzeugen, nennt man die einfachen Faktoren dieser Zahl; diejenigen Zahlen aber (etwa 2, 6, 9, 5), worunter sich auch zusammengesetzte befinden, welche, mit einander multiplicirt, eine zusammengesetzte Zahl (hier 540) erzeugen, werden die Faktoren der letztern genannt.

§. 34.

1) Eine Zahl ist durch 2 theilbar, wenn ihre letzte Ziffer zur Rechten durch 2 theilbar ist.

So sind z. B. 324 und 530 durch 2 theilbar, weil in der erstern Zahl die 4 und in der letztern die 0 durch 2 theilbar ist.

2) Eine Zahl ist durch 3 theilbar, wenn die Summe ihrer Ziffern durch 3 theilbar ist.

So ist z. B. 32145 durch 3 theilbar, weil die Summe ihrer Ziffern, nämlich $3 + 2 + 1 + 4 + 5$ oder 15, durch 3 theilbar ist.

3) Eine Zahl ist durch 4 theilbar, wenn die durch die beiden letzten Ziffern zur Rechten dargestellte Zahl durch 4 theilbar ist.

So ist z. B. 12564 durch 4 theilbar, weil 64 durch 4 theilbar ist.

4) Eine Zahl ist durch 5 theilbar, wenn die letzte Ziffer zur Rechten durch 5 theilbar ist.

So sind z. B. 235 und 610 durch 5 theilbar, weil in der erstern Zahl die 5 und in der letztern die 0 durch 5 theilbar ist.

5) Eine Zahl ist durch 6 theilbar, wenn sie durch 2 und auch durch 3 theilbar ist.

So ist z. B. 612 durch 6 theilbar, u. s. w.

6) Eine Zahl ist durch 8 theilbar, wenn die durch die drei letzten Ziffern zur Rechten dargestellte Zahl durch 8 theilbar ist.

So ist z. B. 52264 durch 8 theilbar, weil 264 durch 8 theilbar ist.

7) Eine Zahl ist durch 9 theilbar, wenn die Summe ihrer Ziffern durch 9 theilbar ist.

So ist z. B. 23148 durch 9 theilbar, weil die Summe

ihrer Ziffern, nämlich 2 + 3 + 1 + 4 + 8 oder 18, durch diese Zahl theilbar ist.

8) Eine Zahl ist durch **11** theilbar, wenn entweder die Summe der in den ungeraden Stellen *) stehenden Ziffern gleich der Summe der in den geraden Stellen **) sich befindenden, oder wenn die Differenz dieser Summen durch **11** theilbar ist.

So ist z. B. 24376 durch 11 theilbar, weil die Summe 6 + 3 + 2 oder 11, der in den ungeraden Stellen stehenden Ziffern, gleich der Summe 7 + 4 oder 11, der in den geraden Stellen sich befindenden, ist. Auch ist 81719 durch 11 theilbar, weil die Summe der in den ungeraden Stellen stehenden Ziffern = 24, die Summe der in den geraden Stellen sich befindenden = 2 beträgt, und die Differenz dieser Summen, nämlich 24 — 2 oder 22, durch 11 theilbar ist, u. s. w.

§. 35.

Ein aus zwei oder mehreren Faktoren bestehender Ausdruck ist mit irgend einer Zahl multiplicirt, so bald man den einen der Faktoren mit dieser Zahl multiplicirt hat.

Denn soll man z. B. 3 . 5 mit 6 multipliciren, so multiplicirt man entweder 3 mit 6 oder 5 mit 6, und erhält im erstern Falle 18 . 5, im letztern 3 . 30, und in beiden Fällen das Produkt 90. Soll ferner 2 . 3 . 6 mit 10 multiplicirt werden, so ergiebt sich entweder 20 . 3 . 6, oder 2 . 30 . 6, oder 2 . 3 . 60, und in allen drei Fällen das Produkt 360.

§. 36.

Ein aus zwei oder mehreren Faktoren bestehender Ausdruck ist durch irgend eine Zahl dividirt, so bald man den einen der Faktoren durch diese Zahl dividirt hat.

Denn soll man z. B. 36 . 8 durch 4 dividiren, so dividirt man entweder 36 durch 4 oder 8 durch 4, und erhält im erstern Falle 9 . 8, im letztern 36 . 2, und in beiden Fällen dieselbe Zahl 72. Soll ferner 6 . 16 . 10 durch 2 dividirt werden, so ergiebt sich entweder 3 . 16 . 10, oder 6 . 8 . 10, oder 6 . 16 . 5, und in allen drei Fällen dieselbe Zahl 480.

---

*) d. h. in der 1sten, 3ten, 5ten, 7ten u. s. w. Stelle.

**) nämlich in der 2ten, 4ten, 6ten, 8ten u. s. w. Stelle.

§. 37.

Wenn zwei, aus zwei oder mehreren Faktoren bestehende Ausdrücke, welche einen oder mehrere Faktoren gemeinschaftlich haben, durch einander dividirt werden sollen, so ergiebt sich der verlangte Quotient, wenn man zuerst die im Dividenden und Divisor stehenden gemeinschaftlichen Faktoren gegen einander wegstreicht und alsdann die noch übrigen Faktoren des Dividenden durch die noch übrigen des Divisors dividirt.

Soll man demzufolge 35 . 16 durch 7 . 16 dividiren, so ergiebt sich:

$$\frac{35 \cdot 16}{7 \cdot 16} = 5;$$

und soll ferner 2 . 8 . 27 . 9 durch 2 . 27 . 6 dividirt werden, so erhält man:

$$\frac{2 \cdot 8 \cdot 27 \cdot 9}{2 \cdot 27 \cdot 6} = \frac{72}{6} = 12, \text{ u. s. w.}$$

§. 38.

Soll man eine Zahl durch eine andere dividiren, so ergiebt sich der verlangte Quotient, wenn man sowohl den Dividenden, als auch den Divisor mit irgend einer Zahl multiplicirt und ersteres Produkt durch letzteres dividirt.

So ist z. B. $\frac{16}{2} = \frac{16 \cdot 10}{2 \cdot 10} = \frac{160}{20} = 8$, u. s. w.

Soll ferner eine Zahl durch eine andere dividirt werden, so ergiebt sich ebenfalls der gesuchte Quotient, wenn man sowohl den Dividenden, als auch den Divisor durch eine beliebige Zahl, und alsdann erstern Quotienten durch letztern dividirt.

So erhält man z. B. $\frac{36}{18} = \frac{36 : 9}{18 : 9} = \frac{4}{2} = 2$, u. s. w.

§. 39.

Soll ein aus beliebig vielen Faktoren bestehender Ausdruck durch einen andern, welcher ebenfalls beliebig viele Faktoren enthält, dividirt werden, so streicht man zuerst die gleichen Zahlen, welche in diesen Ausdrücken vorkommen, weg, sucht hierauf eine Zahl, welche sowohl einen Faktor des einen, als auch einen des andern Ausdrucks ohne Rest dividirt, dividirt diese Faktoren wirklich durch die so eben bemerkte Zahl und setzt die hierdurch erhaltenen Quotienten über, unter oder neben ihre Dividenden. Auf diese Weise dividirt man so lange, bis keine Zahl mehr zu finden ist, welche als Theiler eines Faktors des Dividenden und eines des Divisors erscheint, multiplicirt zuerst die noch im Dividenden und alsdann die noch im Divisor übrigen Faktoren mit einander und dividirt ersteres Produkt durch letzteres.

Soll man demgemäß den Ausdruck 5 . 45 . 64 . 72 . 7 durch den andern 5 . 3 . 36 . 16 . 7 dividiren, so ergiebt sich:

entweder:
$$\frac{\not{5} \cdot \overset{15}{\not{45}} \cdot \overset{4}{\not{64}} \cdot \overset{2}{\not{72}} \cdot \not{7}}{\not{5} \cdot \not{3} \cdot \not{36} \cdot \not{16} \cdot \not{7}} = 120.$$

oder:

Divisor.	Dividend.	
$\not{5}$	$\not{5}$	
$\not{3}$	$\not{45}$	15
$\not{36}$	$\not{64}$	4
$\not{16}$	$\not{72}$	2
$\not{7}$	$\not{7}$	
		120

und also ebenfalls 120 als verlangtes Resultat.

§. 40.

Man bemerke, daß in dem Schema des vorigen Paragraphen der Divisor nicht nothwendig auf der linken Seite stehen muß, sondern auch auf der rechten stehen kann, und daß der darin vorkommende Vertikalstrich ebenfalls weggelassen werden kann, wenn nur der Divisor vom Dividenden gehörig abgesondert worden ist.

§. 41.

Soll man eine Zahl mit einer andern multipliciren, welche in zwei oder mehrere Faktoren zerlegbar ist, so wird die erstere, wenn dies nämlich leichter zum Ziele führt, mit dem einen Faktor, und das hierdurch entstandene Produkt mit dem andern u. s. w. multiplicirt.

Soll man z. B. 36 mit 15 multipliciren, so erhält man 36 . 5 . 3 = 180 . 3 = 540, u. s. w.

Wenn ferner eine Zahl durch eine andere dividirt werden soll und letztere in zwei oder mehrere Faktoren zerlegbar ist, so dividirt man die erstere durch den ersten Faktor und den hierdurch erhaltenen Quotienten durch den zweiten, u. s. w.

Soll man demzufolge 216 durch 36 dividiren, so ergiebt sich:

$$\frac{216}{9 \cdot 4} = \frac{24}{4} = 6, \text{ u. s. w.}$$

§. 42.

Wenn die kleinste Zahl ermittelt werden soll, welche durch zwei oder mehrere Zahlen, z. B. durch **6**, **8**, **9**, **26**, theilbar ist, so verfahre man auf folgende Weise:

Man schreibe die gegebenen Zahlen zuerst neben einander hin, suche alsdann eine Primzahl, welche wenigstens in zwei dieser Zahlen ohne Rest enthalten ist, und dividire durch dieselbe alle diejenigen Zahlen, welche diese Division ohne Rest zulassen. Nun schreibe man den Divisor zur Linken, stelle die erhaltenen Quotienten unter ihre durchgestrichenen Dividenden und dividire auf diese Weise so lange fort, bis es keine Primzahl mehr giebt, welche in zwei Zahlen ohne Rest enthalten ist. Multiplicirt man endlich die letzten Quotienten und alle Divisoren mit einander, so erhält man die gesuchte kleinste Zahl.

Soll man demzufolge die kleinste Zahl ermitteln, welche durch 6, 8, 9 und 26 theilbar ist, so ergiebt sich:

2	6, 8, 9, 26
3	3, 4, 9, 13
	1, 4, 3, 13,

und es ist dieserhalb 2 . 3 . 1 . 4 . 3 . 13 oder 936 diese kleinste Zahl.

Viertes Kapitel.

Von den Brüchen.

§. 43.

Wird eine gegebene Einheit (z. B. eine Ruthe, ein Pfund u. s. w.) in eine gewisse Anzahl gleicher Theile getheilt, so hat jeder dieser Theile eine völlig bestimmte Größe. Hat man aber eine solche Einheit in **2**, **3**, **4**, **5**, **6**, **7**, **8**, **9**, **10**, **11**, **12** u. s. w. gleiche Theile getheilt, so nennt man jeden einzelnen Theil ein Halbes, ein Drittel, ein Viertel, ein Fünftel, ein Sechstel, ein Siebentel, ein Achtel, ein Neuntel, ein Zehntel, ein Elftel, ein Zwölftel, u. s. w.

§. 44.

Ist ein Stück der Einheit (z. B. der Ruthe, des Pfundes u. s. w.) gegeben, so kann dasselbe nur dadurch bestimmt werden, daß man diese Einheit in eine gewisse Anzahl gleicher Theile theilt, und alsdann zusieht, ob einer dieser Theile kleiner, als das gegebene Stück sey. — Ist dies nicht der Fall, so muß die Einheit in mehrere gleiche Theile, und zwar so lange getheilt werden, bis man endlich ein Theilchen derselben, welches kleiner als das in Rede stehende Stück ist, gefunden hat.

Mit diesem Theilchen messe man nun das Stück der gegebenen Einheit, und sehe zu, wie viel mal ersteres in letzterem enthalten ist. Hat man dies aber ausgemittelt, so ist das so eben bemerkte Stück vollkommen bestimmt.

Soll man demzufolge ein Stück der Ruthe bestimmen, so theile man diese Ruthe in 12 gleiche Theile, und sehe zu: ob einer dieser Theile (also ein Zwölftheil) kleiner als das zu bestimmende Stück sey. — Ist dies der Fall, so untersuche man, wie vielmal dieser Theil in dem gegebenen Stücke enthalten ist; und hat man gefunden, daß derselbe, 5 mal genommen, dieses Stück hervorbringt, so sagt man: das gegebene Stück enthält fünf Zwölftheil Ruthe.

§. 45.

Das im vorigen Paragraphen vorkommende Stück einer Ruthe wird durch die beiden Zahlen 5 und 12 bestimmt, und die eine dieser Zahlen, nämlich 12, giebt an, in wie viel gleiche Theile die Ruthe getheilt ist, und die andere, nämlich 5, bestimmt, wie viel solcher Theile in dem gegebenen Stücke enthalten sind.

Auf ähnliche Weise werden alle Stücke eines Ganzen (d. h. einer gegebenen Einheit) durch 2 Zahlen, jedoch auf eine kürzere Art, dadurch bezeichnet, daß man zwischen diese Zahlen das Divisionszeichen (—) setzt, und die Zahl, welche angiebt, in wie viel gleiche Theile das Ganze getheilt ist, unter, und diejenige, welche anzeigt, wie viele dieser Theile genommen sind, über dasselbe schreibt.

Will man nun das so eben bemerkte Stück einer Ruthe auf diese kürzere Art ausdrücken, so sagt man: das gegebene Stück enthält $\frac{5}{12}$ Ruthen, u. s. w.

Man nennt aber das hier durch $\frac{5}{12}$ ausgedrückte, so wie jedes auf dieselbe Weise dargestellte, Stück eines Ganzen einen gewöhnlichen Bruch, eine gebrochene Zahl, oder blos einen Bruch, die obere Zahl 5 den Zähler und die untere 12 den Nenner dieses Bruchs, und das Divisionszeichen (—) einen Bruchstrich. Ist der Zähler kleiner als der Nenner, so wird der Bruch ein ächter, und im umgekehrten Falle ein unächter genannt.

§. 46.

Ein Bruch entsteht dadurch, daß man die Zahl, die seinen Zähler bestimmt, durch diejenige, welche seinen Nenner ausmacht, dividirt.

§. 47.

Sollen zwei oder mehrere Brüche, welche einen gemeinschaftlichen Nenner haben, addirt werden, so addirt man ihre Zähler, und giebt der hierdurch entstandenen Summe den gemeinschaftlichen Nenner zum Nenner.

So ist $\frac{3}{13} + \frac{2}{13} = \frac{3 + 2}{13} = \frac{5}{13}$, u. s. w.

Soll man ferner von einem Bruche einen andern subtrahiren, und haben beide einen gemeinschaftlichen Nenner, so subtrahirt man den Zähler des letztern von dem Zähler des erstern, und giebt der hierdurch erhaltenen Differenz den gemeinschaftlichen Nenner zum Nenner.

So ist z. B. $\frac{5}{7} - \frac{2}{7} = \frac{5 - 2}{7} = \frac{3}{7}$, u. s. w.

§. 48.

Jeder unächte Bruch enthält ein oder etliche Ganze, welche dadurch erhalten werden, daß man den Zähler durch den Nenner dividirt.

So ist z. B. $\frac{35}{6} = 5 + \frac{5}{6} = 5\frac{5}{6}$, indem man nämlich $5 + \frac{5}{6}$, der Kürze wegen, durch $5\frac{5}{6}$ bezeichnet. Der Ausdruck $5\frac{5}{6}$ heißt aber eine gemischte Zahl; und soll ein unächter Bruch in eine gemischte Zahl verwandelt werden, so sagt man: man sucht die Ganzen aus dem Bruche heraus.

§. 49.

Aus vorigem Paragraphen geht hervor, daß $5\frac{5}{6}$ als vollständiger Quotient der beiden Zahlen 35 und 6 sich zeigt, und daß in der zweiten Division des §. 28. der Ausdruck $162\frac{55}{213}$ als vollständiger Quotient der beiden Zahlen **34561** und **213** erscheint.

§. 50.

Jede ganze Zahl läßt sich in einen gleichbedeutenden Bruch mit beliebigem Nenner verwandeln.

So ist z. B. $4 = \frac{28}{7}$, $5 = \frac{5}{1}$, u. s. w.

§. 51.

Jede gemischte Zahl (z. B. $5\frac{2}{3}$) wird in einen unächten Bruch verwandelt, wenn man die ganze Zahl **5** mit dem Nenner **3** multiplicirt, zu dem hierdurch erhaltenen Produkte **15** den Zähler **2** addirt und der nun entstandenen Summe **17** den Nenner **3** zum Nenner giebt.

Es ist demzufolge $5\frac{2}{3} = \frac{5 \,.\, 3 + 2}{3} = \frac{15 + 2}{3} = \frac{17}{3}$, und so in allen ähnlichen Fällen.

Soll aber eine gemischte Zahl in einen unächten Bruch verwandelt werden, so sagt man: man bringt die Ganzen unter den Bruch.

§. 52.

Ein Bruch wird **1**) mit einer ganzen Zahl (oder eine ganze Zahl mit einem Bruche) multiplicirt, wenn man seinen Zähler mit dieser Zahl multiplicirt und seinen Nenner unverändert läßt.

So ist z. B. $\frac{5}{14} \,.\, 2 = \frac{10}{14}$, und $3 \,.\, \frac{5}{17} = \frac{15}{17}$.

Ein Bruch wird **2**) mit einer ganzen Zahl (oder eine ganze Zahl mit einem Bruche) multiplicirt, wenn man seinen Nenner durch diese Zahl dividirt und seinen Zähler unverändert läßt.

So ist z. B. $\frac{5}{14} \,.\, 2 = \frac{5}{7}$, und $8 \,.\, \frac{5}{96} = \frac{5}{12}$, u. s. w.

§. 53.

Ein Bruch wird **1**) durch eine ganze Zahl dividirt, wenn man seinen Zähler durch diese Zahl dividirt und seinen Nenner unverändert läßt.

Es ist also $\frac{6}{7} : 2 = \frac{3}{7}$, u. s. w.

Ein Bruch wird **2**) durch eine ganze Zahl dividirt, wenn man seinen Zähler unverändert läßt und seinen Nenner mit dieser Zahl multiplicirt.

Es ist demgemäß $\frac{6}{7} : 2 = \frac{6}{14}$, u. s. w.

§. 54.

Der Werth eines Bruches ändert sich nicht, wenn man seinen Zähler und Nenner durch eine und dieselbe Zahl multiplicirt oder dividirt.

So ist z. B. 1) $\frac{6}{8} = \frac{6 \cdot 4}{8 \cdot 4} = \frac{24}{32}$, und 2) $\frac{6}{8} = \frac{6 : 2}{8 : 2} = \frac{3}{4}$, u. s. w.

Anmerkung. Man bemerke, daß jeder Bruch durch das Dividiren des Zählers und Nenners mit derselben Zahl in seinen kleinsten Zahlen ausgedrückt oder aufgehoben werden kann.

§. 55.

Soll man zwei oder mehrere Brüche, welche verschiedene Nenner haben, zu einander addiren, so verfahre man auf folgende Weise:

Man suche nach §. 42. die kleinste Zahl, welche durch sämmtliche Nenner theilbar ist, dividire diese durch jeden einzelnen Nenner, multiplicire mit dem jedesmaligen Quotienten den zugehörigen Zähler, betrachte jedes hierdurch entstandene einzelne Produkt als Zähler und die kleinste Zahl als gemeinschaftlichen Nenner, addire alle neuen Zähler und gebe ihrer Summe die kleinste Zahl zum Nenner.

Soll man z. B. die Brüche $\frac{1}{2}$, $\frac{3}{4}$, $\frac{5}{16}$, $\frac{7}{12}$ addiren, so ergiebt sich:

2	2, 4, 16, 12
2	1, 2, 8, 6
	1, 1, 4, 3,

und deshalb 2 . 2 . 1 . 1 . 4 . 3, oder 48, als die kleinste Zahl, welche durch sämmtliche Nenner theilbar ist.

Nun ist aber ferner:

	48	
$\frac{1}{2}$	24	24
$\frac{3}{4}$	12	36
$\frac{5}{16}$	3	15
$\frac{7}{12}$	4	28

$$\frac{103}{48} = 2\tfrac{7}{48}$$

und also $2\frac{7}{48}$ die Summe der Brüche $\frac{1}{2}$, $\frac{3}{4}$, $\frac{5}{16}$ und $\frac{7}{12}$, u. s. w.

Die in diesem §. erwähnte kleinste Zahl wird der Generalnenner genannt.

§. 56.

Soll man Brüche und gemischte Zahlen zu einander addiren, so werden zuerst die Brüche und alsdann die ganzen Zahlen addirt.

§. 57.

Soll man Brüche, welche verschiedene Nenner haben, subtrahiren, so verfahre man zuerst, wie in §. 55., subtrahire alsdann den neuen Zähler des Subtrahenden von dem des Minuenden, und gebe der hierdurch entstandenen Differenz den Generalnenner zum Nenner.

Soll man demgemäß von $\frac{17}{36}$ den Bruch $\frac{2}{9}$ subtrahiren, so erhält man:

$$\begin{array}{r|rr} 3 & 36, & 9 \\ 3 & 12, & 3 \\ & 4, & 1 \end{array}$$

und also 3 . 3 . 4 . 1, oder 36, als Generalnenner.

Nun ist ferner:

$$\overbrace{\begin{array}{r|r|r} \frac{17}{36} & 1 & 17 \\ \frac{2}{9} & 4 & \underline{8,} \end{array}}^{36}$$

und also $\frac{9}{36}$ die verlangte Differenz.

§. 58.

Soll man gemischte Zahlen von einander subtrahiren, so subtrahirt man zuerst die Brüche und alsdann die ganzen Zahlen von einander. Ist aber beim Subtrahiren der Brüche der Minuend kleiner als der Subtrahend, so wird von der im gemischten Minuenden vorhandenen ganzen Zahl eine Einheit weggenommen und dieselbe zu ihrem Bruche addirt.

So ist z. B. $5\frac{1}{3} - 2\frac{5}{6} = 4\frac{8}{6} - 2\frac{5}{6} = 2\frac{3}{6} = 2\frac{1}{2}$, u. s. w

§. 59.

Soll man zwei oder mehrere Brüche mit einander multipliciren, so multiplicirt man Zähler mit Zähler und Nenner mit Nenner.

Es ist demgemäß $\frac{2}{3} \cdot \frac{5}{7} = \frac{2 \cdot 5}{3 \cdot 7} = \frac{10}{21}$; $\frac{2}{5} \cdot \frac{3}{7} \cdot \frac{8}{11} = \frac{2 \cdot 3 \cdot 8}{5 \cdot 7 \cdot 11}$ $= \frac{48}{385}$, u. s. w.

§. 60.

Wenn zwei oder mehrere gemischte Zahlen mit einander multiplicirt werden sollen, so verwandelt man dieselben zuerst in unächte

Brüche (d. h. bringt die Ganzen unter die Brüche) und multiplicirt alsdann Zähler mit Zähler und Nenner mit Nenner.

So ist z. B. $5\frac{1}{3} \,.\, 2\frac{1}{2} = \frac{16}{3} \,.\, \frac{5}{2} = \frac{80}{6} = 13\frac{1}{3}$, u. s. w.

§. 61.

Soll man zwei oder mehrere Brüche mit einander multipliciren, so ergiebt sich öfters ein einfacheres Produkt, wenn man die einzelnen Multiplikationen nur andeutet und alsdann nach §. 39. verfährt.

So ist z. B. $\frac{3}{5} \,.\, \frac{15}{27} = \frac{3 \,.\, 15}{5 \,.\, 27} = \frac{3 \,.\, \overset{3}{\not{15}}}{\not{5} \,.\, \underset{9}{\not{27}}} = \frac{3}{9} = \frac{1}{3}$;

eben so $\frac{2}{3} \,.\, \frac{5}{6} \,.\, \frac{7}{9} \,.\, \frac{15}{21} = \frac{2 \,.\, 5 \,.\, 7 \,.\, 15}{3 \,.\, 6 \,.\, 9 \,.\, 21}$; und hieraus entweder:

$$\frac{\not{2} \,.\, 5 \,.\, \not{7} \,.\, \overset{5}{\not{15}}}{3 \,.\, \underset{3}{\not{6}} \,.\, \underset{3}{\not{9}} \,.\, \underset{3}{\not{21}}} = \frac{25}{81},$$ oder:

Nenner oder Divisor.		Zähler oder Dividend.	
	3	2̸	
3	6̸	5	
3	9̸	7̸	
3	2̸1̸	1̸5̸	5
	81	25,	

d. h. $\frac{25}{81}$ das verlangte Produkt.

§. 62.

Soll man einen Bruch durch einen andern dividiren, so kehrt man den Divisor um und multiplicirt alsdann Zähler mit Zähler und Nenner mit Nenner.

Es ist also 1) $\frac{5}{6} : \frac{2}{7} = \frac{5}{6} \,.\, \frac{7}{2} = \frac{35}{12} = 2\frac{11}{12}$,
und 2) $6 : \frac{7}{11} = \frac{6}{1} \,.\, \frac{11}{7} = \frac{66}{7} = 9\frac{3}{7}$, u. s. w.

§. 63.

Wenn eine gemischte Zahl durch eine andere gemischte Zahl dividirt werden soll, so bringt man zuerst die Ganzen unter die Brüche und dividirt wie in §. 62.

So ist z. B. $5\frac{1}{2} : 2\frac{2}{3} = \frac{11}{2} : \frac{8}{3} = \frac{11}{2} \,.\, \frac{3}{8} = \frac{33}{16} = 2\frac{1}{16}$, u. s. w.

§. 64.

Wenn ein aus beliebig vielen Faktoren bestehender Ausdruck (etwa $2\frac{1}{2} \,.\, 22 \,.\, \frac{9}{7} \,.\, 1\frac{7}{8}$) durch einen andern (z. B. $\frac{4}{21} \,.\, 3\frac{2}{3} \,.\, 4 \,.\, \frac{5}{8}$), welcher ebenfalls beliebig viele Faktoren enthält, dividirt werden soll, so stellt man den Divisor und Dividenden (wie bereits in §. 39. angegeben wurde) folgendermaßen hin:

Divisor.	Dividend.
$\frac{4}{21}$	$2\frac{1}{2}$
$3\frac{2}{3}$	22
4	$\frac{5}{7}$
$\frac{5}{8}$	$1\frac{7}{9}$,

bringt hierauf alle gemischte Zahlen unter die Brüche, schreibt aber statt aller vorkommenden Brüche nur ihre Zähler hin und die Nenner unter die Zähler der andern Reihe. Man erhält aber alsdann auf beiden Seiten bloß ganze Zahlen, und findet den verlangten Quotienten auf die im §. 39. angegebene Weise.

So ergiebt sich z. B. in gegenwärtigem Beispiele zuerst:

Divisor.	Dividend.
$\frac{4}{21}$	$\not{2}\not{\tfrac{1}{2}}$ $\frac{5}{2}$
$\frac{11}{3}$ $\not{3}\not{\tfrac{2}{3}}$	22
4	$\frac{5}{7}$
$\frac{5}{8}$	$\not{1}\not{\tfrac{7}{9}}$ $\frac{16}{9}$

;

alsdann:

Divisor.	Dividend.
4	5
11	22
4	5
5	16
2	21
7	3
9	8.

;

hierauf:

Divisor.	Dividend.
$\not{4}$	5
$\not{11}$	$\not{22}$ 2
$\not{4}$	$\not{5}$
$\not{5}$	$\not{16}$
$\not{2}$	$\not{21}$
7	$\not{3}$
3 $\not{9}$	8
1.	40,

und also $\frac{1}{40}$ als verlangter Quotient.

Anmerkung. Man bemerke, daß auch hier der Vertikalstrich weggelassen werden kann, wenn man nur dasjenige beobachtet, was in §. 40. in dieser Beziehung gesagt worden ist.

§. 65.

Die Ausdrücke $\frac{\frac{2}{5}}{6}$, $\frac{3}{\frac{5}{7}}$, $\frac{\frac{2}{3}}{\frac{5}{6}}$, $\frac{2\frac{1}{2}}{5}$, $\frac{3}{2\frac{1}{2}}$, $\frac{2\frac{1}{2}}{3\frac{2}{3}}$, welche entweder in ihrem Zähler, oder Nenner, oder in beiden zugleich gebrochene Zahlen enthalten, werden Doppelbrüche genannt. Da aber der erste Doppelbruch $\frac{\frac{2}{5}}{6}$ nur anzeigt, daß $\frac{2}{5}$ durch 6 dividirt werden soll; da ferner der zweite $\frac{3}{\frac{5}{7}}$ die Division der Zahl 3 durch den Bruch $\frac{5}{7}$ verlangt; und da endlich im dritten Bruche $\frac{\frac{2}{3}}{\frac{5}{6}}$ der Bruch $\frac{2}{3}$ durch $\frac{5}{6}$ dividirt werden muß, u. s. w., so lassen sich alle diese (wie alle andere Doppelbrüche) mit Leichtigkeit in gewöhnliche Brüche verwandeln.

Es ist z. B. $\frac{\frac{2}{5}}{6} = \frac{2}{30} = \frac{1}{15}$; $\frac{3}{\frac{5}{7}} = \frac{21}{5}$; $\frac{\frac{2}{3}}{\frac{5}{6}} = \frac{12}{15} = \frac{4}{5}$; $\frac{2\frac{1}{2}}{5} = \frac{5}{10} = \frac{1}{2}$; $\frac{3}{2\frac{1}{2}} = 3 : \frac{5}{2} = \frac{6}{5}$, u. $\frac{2\frac{1}{2}}{3\frac{2}{3}} = \frac{5}{2} : \frac{11}{3} = \frac{15}{22}$.

Fünftes Kapitel.

Von den Decimalbrüchen.

§. 66

Diejenigen Brüche, welche 10, 100, 1000 u. s. w., also 1 mit einer oder mehreren angehängten Nullen zu Nennern haben, werden gewöhnlich kürzer dargestellt.

Man schreibt nämlich statt der Brüche:

$\frac{3}{10}$; $\frac{24}{100}$; $\frac{136}{1000}$; $\frac{45}{10000}$; $\frac{318}{100}$; u. s. w.,

die Ausdrücke:

0,3; 0,24; 0,136; 0,0045; 3,18; u. s. w.;

nennt dieselben Decimalbrüche; das darin enthaltene Komma das Decimalzeichen; und spricht diese Ausdrücke aus:

0 Ganze 3 Zehntel*); 0 Ganze 24 Hunderttel; 0 Ganze 136

*) oder 0 Komma 3 Zehntel.

Tausendtel; 0 Ganze 45 Zehntausendtel; 3 Ganze 18 Hunderttel; u. s. w.

§. 67.

Bei einem Decimalbruche bezeichnet die auf der linken Seite des Decimalzeichens stehende 0 das Nichtvorhandensein der ganzen Zahl; auch versteht man unter einem Decimalbruch denjenigen Bruch, dessen Zähler die den Decimalbruch bildende Zahl, und dessen Nenner 1 mit so vielen angehängten Nullen enthält, als hinter dem Decimalzeichen Ziffern*) stehen**).

Die rechts vom Decimalzeichen stehenden Stellen heißen Decimal-Stellen, und die etwa links vom Komma stehenden Stellen ganze Stellen.

Jede Einheit der auf der rechten Seite des Decimalzeichens neben demselben stehenden Ziffer wird ein Zehntel; jede Einheit der rechts neben ihr stehenden Ziffer ein Hunderttel, u. s. w. genannt.

Ein Decimalbruch heißt ächt, wenn er keine ganze Stellen; unächt, wenn er auch ganze Stellen enthält.

§. 68.

Beim Schreiben der Decimalbrüche merke man sich folgende Regel: Man stelle vor das Decimalzeichen die etwa vorhandene ganze Zahl, oder die 0, wenn keine ganze Zahl vorkommt, hinter dasselbe aber so viele Punkte, als der Nenner des gegebenen Bruches Nullen enthält, und fülle dieselben, von der Rechten zur Linken, durch die vorhandenen Ziffern aus. Sind aber nicht Ziffern genug gegeben, so werden die noch übrigen Punkte bis zum Komma mit Nullen ausgefüllt.

Soll man z. B. $5\frac{365}{1000}$ als Decimalbruch ausdrücken, so ergiebt sich zuerst: 5, . . . ,
und alsdann 5, 365;

---

*) Man lese die zu §. 4 gehörige Note (*).

**) Vergl. v. §.

und soll ferner $\frac{1602}{1000000}$ als Decimalbruch dargestellt werden, so erhält man zuerst: 0, ...,
alsdann 0, ..1602;
und hierauf 0, 001602; und so in allen übrigen Fällen.

Anmerkung. Der Werth eines Decimalbruchs bleibt unverändert, wenn man dem letztern entweder eine oder mehrere Nullen anhängt. So ist z. B. 0,3 = 0,30 = 0,300; u. s. w. (Vergl. §. 54).

§. 69.

Hat man einen Decimalbruch gefunden, welcher einem gewöhnlichen Bruche gleich ist, so sagt man: Der gewöhnliche Bruch ist in einen Decimalbruch verwandelt. Das Auffinden dieses Decimalbruches wird aber das Verwandeln des gewöhnlichen Bruchs in einen Decimalbruch genannt.

§. 70.

Soll man einen gewöhnlichen ächten Bruch in einen Decimalbruch verwandeln, so hänge man dem Zähler des ersteren so viele Nullen an, als im letztern Decimalstellen verlangt werden, dividire die erste Ziffer der hierdurch sich ergebenden Zahl durch den Nenner, setze die Division auf die gewöhnliche Weise fort, und mache in dem erhaltenen Quotienten nach der ersten Null das Komma.

Soll man z. B. $\frac{3}{8}$ in einen Decimalbruch verwandeln, so ergiebt sich dem so eben Gesagten zufolge:

```
-8 | 3000 | 0,375
     0
     ---
     30
     24
     ---
      60
      56
      ---
       40
       40
       ---
        0
```

und also $\frac{3}{8}$ = 0,375; u. s. w.

§. 71.

Soll man einen gewönlichen unächten Bruch in einen Decimalbruch verwandeln, so stelle man diesen unächten Bruch als gemischte Zahl dar, verwandle den in derselben vorkommenden ächten Bruch in einen Decimalbruch, und setze vor das Komma die in der gemischten Zahl vorkommende ganze Zahl.

Soll man z. B. den unächten Bruch $\frac{39}{16}$ in einen Decimalbruch verwandeln, so ergiebt sich zuerst:

$$\frac{39}{16} = 2\tfrac{7}{16};$$

alsdann:

16 | 70000 | 0, 4375;
0
70
64
60
48
120
112
80
80
0;

und endlich: $\frac{39}{16} = 2{,}4375$; und so in allen ähnlichen Fällen.

§. 72.

Man wird leicht einsehen, daß nicht jeder gewöhnliche Bruch in einen vollständigen Decimalbruch verwandelt werden kann, und daß dies nur bei solchen gewöhnlichen Brüchen geschieht, deren Nenner keine andere Faktoren als 2, oder 5, oder 2 und 5 enthalten. Soll man aber einen gewöhnlichen Bruch in einen unvollständigen Decimalbruch verwandeln, so muß man seinem Zähler so viele Nullen anhängen, als Decimalstellen verlangt werden, und alsdann die Rechnung auf die im §. 70. und 71. angegebene Weise vollziehen.

Soll man z. B. $\frac{6}{77}$ in einen Decimalbruch von 3 Decimalstellen verwandeln, so ergiebt sich:

```
77 | 60000 | 0,077
      0
    ----
     60
      0
    -----
     600
     539
    -----
      610
      539
     -----
       71 ;
```

und es ist deshalb $\frac{6}{77} = 0,077\ldots\ldots$, wenn man nur auf die 3 ersten Decimalstellen Rücksicht nimmt; u. s. w.

§. 73.

Soll man Decimalbrüche zu einander addiren, so stelle man dieselben so unter einander, daß Komma unter Komma, Ganze unter Ganze, Zehntel unter Zehntel, Hunderttel unter Hunderttel u. s. w. zu stehen kommen, addire diese Decimalbrüche eben so, als wenn sie ganze Zahlen wären; und schneide in der erhaltenen Summe von der Rechten zur Linken so viele Decimalstellen durch das Komma ab, als der mit der größten Anzahl Decimalstellen versehene Summand enthält.

Soll man z. B. die Decimalbrüche 5,96, 0,0046, 7,005832, 0,275 und 2,0000415 addiren, so ergiebt sich:

```
 5,96
 0,0046
 7,005832
 0,275
 2,0000415
-----------
15,2454735 als verlangte Summe, u. s. w.
```

§. 74.

Soll man von einem Decimalbruche einen andern subtrahiren, so stelle man den Subtrahenden (wie im v. §.) unter den Minuenden, verrichte die Subtraktion eben so als wenn beide ganze Zahlen wären, und schneide in der hierdurch erhaltenen Differenz von der Rechten zur Linken so viele Decimalstellen durch das Komma ab, als der mit der größten Anzahl Decimalstellen versehene Bruch enthält.

Soll man z. B. von 4,00875 den Decimalbruch 2,7062 subtrahiren, so ergiebt sich:

$$\begin{array}{r} 4{,}00874 \\ 2{,}7062 \\ \hline 1{,}30255 \end{array}$$ als verlangte Differenz, u. s. w.

§. 75.

Soll man zwei Decimalbrüche mit einander multipliciren, so multiplicirt man dieselben eben so als ob sie ganze Zahlen wären; und schneidet im Produkte von der Rechten zur Linken so viele Ziffern durch das Komma ab, als der Multiplikand und Multiplikator zusammen Decimalstellen enthalten. Hat aber das Produkt nicht so viele Ziffern, als abgeschnitten werden müssen, so setzt man vor diese Ziffern so viele Nullen, als erforderlich sind, um hinter dem Komma die gehörige Anzahl Decimalstellen zu haben.

Soll man z. B. 3,225 mit 6,75 multipliciren, so ergiebt sich:

$$\begin{array}{r} 3{,}225 \\ 6{,}75 \\ \hline 16125 \\ 22575 \\ 19350 \\ \hline 21{,}76875 \end{array}$$ als verlangtes Produkt.

Soll ferner 0,000382 mit 0,00214 multiplicirt werden, so erhält man:

$$\begin{array}{r} 0{,}000382 \\ 0{,}00214 \\ \hline 1528 \\ 382 \\ 764 \\ \hline 0{,}00000081748 \end{array}$$ als verlangtes Produkt.

§. 76.

Aus v. §. ergiebt sich: 1) Ein Decimalbruch wird mit 10, 100, 1000 u. s. w. multiplicirt, sobald man das Decimalzeichen um eine, zwei, drei Stellen u. s. w. zur Rechten rückt.

Es ist demgemäß $\left\{\begin{array}{l} 3{,}56 \,.\, 10 = 35{,}6 \\ 0{,}3458 \,.\, 100 = 34{,}58 \\ 0{,}0032 \,.\, 1000 = 3{,}2 \end{array}\right\}$; u. s. w.

2) Die Multiplikationsregel der Decimalbrüche findet auch noch statt, wenn der eine Faktor als ganze Zahl sich zeigt.

Soll man z. B. 0,5783 mit 281 multipliciren, so ergiebt sich:

```
      0,5783
   281
   ---------
        5783
    45 264
   115 66
   ---------
   162,4923
```

als verlangtes Produkt.

3) Soll man die Decimalbrüche 5,26; 0,057; 1,3 mit einander multipliciren, so ergiebt sich:

5,26 . 0,057 . 1,3 = 0,29982 . 1,3 = 0,389766; u. s. w.

§. 77.

Soll man einen Decimalbruch durch einen andern dividiren, so hänge man demjenigen, welcher die wenigsten Decimalstellen enthält, so viele Nullen an, daß Dividend und Divisor gleich viele Decimalstellen enthalten; verrichte nun die Division, wie bei ganzen Zahlen; und betrachte den hierdurch sich ergebenden Quotienten als ganze Zahl. Will man aber noch etliche Decimalstellen im Quotienten erhalten, so hänge man dem entstandenen Reste entweder allmälig oder auf einmal so viele Nullen an, als Decimalstellen verlangt werden; und dividire die hierdurch sich ergebende Zahl (nach §. 70) durch den Divisor.

Soll man z. B. 5,75 durch 3,25 dividiren, so ergiebt sich:

```
3,25 | 5,75 | 1,7692
       3 25
       ---------
       2 500000
       2 275
       ---------
         2 250
         1 950
       ---------
           3000
           2925
       ---------
            750
            650
       ---------
            100;
```

und also 1,7692 als verlangter Quotient, wenn man nur auf die 4 ersten Decimalstellen Rücksicht nimmt.

Soll ferner 1,44 durch 0,012 dividirt werden, so erhält man:

```
0,012 | 1,440 | 120
        12
        --
         24
         24
         --
          0
          0
          -
          0
```

und also 120 als verlangten Quotienten.

Soll man endlich 75,63 durch 2,6 dividiren und den Quotienten in 3 Decimalstellen ausdrücken, so ergiebt sich:

```
2,60 | 75,63 | 29,088
       52 0
      -----
       23 63
       23 40
      ------
         23000
           0
        -------
          2300
          2080
        -------
           2200
           2080
          ------
            120
```

und also 29,088 als verlangter Quotient.

§. 78.

Aus vor. §. ergiebt sich: 1) Ein Decimalbruch ist durch 10, 100, 1000 u. s. w. dividirt, sobald man das Decimalzeichen um eine, zwei, drei Stellen u. s. w. zur Linken rückt.

Es ist demgemäß $\left\{\begin{array}{l} 35{,}36 : 10 = 3{,}536 \\ 252{,}5 : 100 = 2{,}525 \\ 0{,}257 : 1000 = 0{,}000257 \end{array}\right\}$; u. s. w.

2) Die Divisionsregel der Decimalbrüche findet auch noch statt, wenn der Divisor oder Dividend eine ganze Zahl ist.

Soll man z. B. 3,75 durch 25 dividiren, so ergiebt sich:

```
2500 | 3,75 | 0,15 als verlangter Quotient.
         0
     -------
       37500
       2 500
     -------
       1 2500
       1 2500
     -------
           0
```

Soll man ferner 1 durch 2,7 dividiren und den Quotienten in 4 Decimalstellen ausdrücken, so erhält man:

```
2,7 | 10 | 0,3703....
       0
    ------
    100000
      81
    ------
      190
      189
     -----
       100
        81
      -----
        19; u. s. w.
```

Anmerkung. Enthält der Divisor zur Rechten ein oder mehrere Nullen, so kann man, statt dem Reste die Nullen anzuhängen, dieselben von dem Divisor abschneiden.*)

Soll man z. B. 5,648 durch 13 dividiren und den Quotienten in 4 Decimalstellen ausdrücken, so ergiebt sich:

```
13000 | 5,648 | 0,4344....
        5 200
       ------
         448
         390
       ------
          58
          52
        -----
          60
          52
        -----
           8;  u. s. w.
```

Sechstes Kapitel.

Von den vier Rechnungsarten mit benannten Zahlen.

§. 79.

Die Ausdrücke: 5 Ruthen, 6 Pfund, 3 Ellen, 6 Thaler, 5 Groschen u. s. w., nennt man benannte Zahlen, während die in den frühern Kapiteln abgehandelten Zahlen 2, 3, 4, 5 u. s. w. unbenante Zahlen heißen. Man sieht aber in der ersten benannten Zahl (also in 5 Ruthen) eine Ruthe, in der zweiten ein Pfund, in der dritten eine Elle u. s. w. als benannte Einheit an, und nennt die benannten Zahlen:

*) Vgl. §. 52.

5 Ruthen, 6 Pfund u. s. w.

einfach benannt, und die benannten Zahlen:

5 Thaler 4 Groschen, 2 Pfund 3 Loth 1 Quent u. s. w., *mehrfach benannt*. Eine benannte Zahl heißt *ganz*, wenn die in ihr vorkommende unbenannte Zahl eine ganze, und *gebrochen*, wenn die in ihr enthaltene unbenannte Zahl eine gebrochene Zahl ist.

§. 80.

Die mit den nämlichen benannten Einheiten versehenen benannten Zahlen heißen *gleichbenannt*, die übrigen aber *ungleichbenannt*. So sind z. B. 3 Pfund und 6 Pfund gleichbenannte, und 7 Thaler und 5 Ellen ungleich benannte Zahlen.

§. 81.

Benannte Zahlen heißen *gleichartig*, wenn sie entweder gleichbenannt sind, oder sich doch als gleichbenannte Zahlen darstellen lassen. So heißen z. B. 5 Pfund und 3 Pfund, und 6 Thaler und 2 Groschen gleichartig, weil die ersteren gleichbenannt sind, und die letztern sich als gleichbenannte Zahlen darstellen lassen.

§. 82.

Eine benannte Zahl heißt *ein Einfaches*, wenn die in ihr vorkommende unbenannte Zahl $= 1$, und *ein Mehrfaches*, wenn die in ihr enthaltene unbenannte Zahl größer als 1 ist. So ist z. B. die benannte Zahl 1 Pfund ein Einfaches und die benannte Zahl 3 Thaler ein Mehrfaches, u. s. w.

§. 83.

Soll man zwei oder mehrere einfach gleichbenannte Zahlen addiren, so addirt man die darin vorkommenden unbenannten Zahlen, und hängt der hierdurch erhaltenen Summe die gemeinschaftliche benannte Einheit an.

So ist z. B. 5 Thaler $+$ 3 Thaler $=$ 8 Thaler, und $\frac{1}{3}$ Pfund $+ \frac{5}{36}$ Pfund $= \frac{17}{36}$ Pfund, u. s. w.

§. 84.

Soll man von einer einfach benannten Zahl eine andere einfach gleichbenannte subtrahiren, so subtrahirt man die im Subtrahenden vorkommende unbenannte Zahl von der im Minuenden stehenden, und hängt der hierdurch erhaltenen Differenz die gemeinschaftliche benannte Einheit an.

Es ist also 5 Groschen — 2 Groschen = 3 Groschen, und $\frac{2}{3}$ Thaler — $\frac{1}{6}$ Thaler = $\frac{1}{2}$ Thaler, u. s. w.

§. 85.

Wenn eine einfach benannte Zahl mit einer unbenannten multiplicirt werden soll, so multiplicirt man die in ersterer vorkommende unbenannte Zahl mit letzterer, und hängt dem hierdurch erhaltenen Produkte die im Multiplikanden vorkommende benannte Einheit an.

Es ist demgemäß 5 Thaler . 2 = 10 Thaler, und 7 Ellen . $\frac{5}{6}$ = $5\frac{5}{6}$ Ellen, u. s. w.

Anmerkung. Man übersehe ja nicht, daß eine benannte Zahl mit einer benannten nicht multiplicirt werden kann, und daß also der Multiplikator stets eine unbenannte Zahl sein muß.

§. 86.

Soll eine einfach benannte Zahl durch eine unbenannte dividirt werden, so dividirt man die in ersterer vorkommende unbenannte Zahl, und hängt dem hierdurch erhaltenen Quotienten die im Dividenden vorkommende benannte Einheit an.

Es ist demgemäß 24 Thaler : 3 = 8 Thaler, u. s. w.

Soll man ferner eine einfach benannte Zahl durch eine andere einfach gleichbenannte dividiren, so dividirt man die unbenannte Zahl des Dividenden durch die des Divisors.

So ist z. B. 6 Pfund : 3 Pfund = 6 : 3 = 2, u. s. w.

§. 87.

Eine einfach benannte Zahl (z. B. **3** Thaler) wird in eine andere, welche einer niedrigern Einheit (etwa einem Groschen) zugehört, verwandelt, wenn man die in ersterer vorkommende unbenannte Zahl (nämlich **3**) mit der Verhältnißzahl der Einheiten beider Zahlen (also mit **24**) multiplicirt, und dem hierdurch erhaltenen Produkte die niedrigere Einheit anhängt.

Es sind also 3 Thaler = (3 . 24) Groschen = 72 Groschen, u. s. w.

§. 88.

Die im vorigen §. angegebene Verfahrungsweise wird das Resolviren genannt.

§. 89.

Eine einfach benannte Zahl (z. B. 64 Loth) wird in eine andere, welche einer höhern Einheit (etwa einem Pfunde) zugehört, verwandelt, wenn man die in ersterer vorkommende unbenannte Zahl (nämlich 64) durch die Verhältnißzahl der Einheiten beider Zahlen (also durch 32) dividirt, und dem hierdurch erhaltenen Quotienten die höhere Einheit anhängt.

Es sind demzufolge 64 Loth = $\frac{64}{32}$ Pfund = 2 Pfund, u. s. w.

§. 90.

Die im vorigen §. angegebene Verfahrungsart wird das **Reduciren** genannt.

§. 91.

Soll die mehrfach benannte Zahl 5 Thaler 7 Groschen in eine einfach benannte verwandelt werden, so kann diese letztere Zahl entweder der Einheit Thaler oder Groschen zugehören.

Im ersten Falle erhält man, nach §. 89.:

5 Thlr. 7 Gr. = $5\frac{7}{24}$ Thlr.,

und im zweiten, nach §. 87.:

5 Thlr. 7 Gr. = 120 Gr. + 7 Gr. = 127 Gr., u. s. w.

§. 92.

Wenn die mehrfach benannte Zahl 2 Thaler 3 Groschen 4 Pfennige in eine einfach benannte verwandelt werden soll, so kann diese letztere entweder der Einheit Thaler, Groschen oder Pfennig zugehören.

Im ersten Falle erhält man:

2 Thlr. 3 Gr. 4 Pf. = 2 Thlr. $3\frac{1}{3}$ Gr. = 2 Thlr. + $\frac{3\frac{1}{3}}{24}$ Thlr.

= 2 Thlr. + $\frac{5}{36}$ Thlr. = $2\frac{5}{36}$ Thlr.;

im zweiten Falle ergiebt sich:

2 Thlr. 3 Gr. 4 Pf. = 48 Gr. + 3 Gr. + $\frac{1}{3}$ Gr. = $51\frac{1}{3}$ Gr.;

und im dritten findet man:

2 Thlr. 3 Gr. 4 Pf. = 51 Gr. 4 Pf. = 612 Pf. + 4 Pf. = 616 Pf., u. s. w.

§. 93.

Soll man die einfach benannte Zahl $\frac{4}{7}$ Thaler in Groschen und Pfennigen ausdrücken, so ergiebt sich:

$\frac{3}{7}$ Thlr. = ($\frac{3}{7}$. 24) Gr. = $\frac{72}{7}$ Gr. = 10$\frac{2}{7}$ Gr. = 10 Gr. + ($\frac{2}{7}$. 12) Pf. = 10 Gr. + $\frac{24}{7}$ Pf. = 10 Gr. + 3$\frac{3}{7}$ Pf. = 10 Gr. 3$\frac{3}{7}$ Pf., und so in allen ähnlichen Fällen.

§. 94.

Soll die einfach benannte Zahl 627 Pfennige in eine mehrfach benannte verwandelt, also in Thalern, Groschen und Pfennigen ausgedrückt werden, so verwandelt man zuerst 627 Pfennige in Groschen, läßt jedoch den Rest in Pfennigen ausgedrückt.

Man erhält aber alsdann 627 Pfennige = 52 Groschen 3 Pfennige; und verwandelt man jetzt 52 Groschen in eine benannte Zahl, welche der Einheit Thaler entspricht, und läßt den Rest in Groschen ausgedrückt, so ergiebt sich: 52 Gr. = 2 Thlr. 4 Gr., und deßhalb 627 Pf. = 2 Thlr. 4 Gr. 3 Pf., und so in allen ähnlichen Fällen.

§. 95.

Sollen zwei oder mehrere mehrfach gleichbenannte Zahlen addirt werden, so schreibe man dieselben dergestalt unter einander, daß die mit den nämlichen Einheiten versehenen einfach benannten Zahlen auch immer in dieselbe Vertikalreihe zu stehen kommen, fange nun bei den niedrigsten Einheiten zu addiren an, bringe die entstandenen Zahlen der niedrigern Einheiten sogleich auf die der nächst höhern Einheiten, lasse jedoch die etwa vorkommenden Reste in den niedrigern Einheiten ausgedrückt, addire die hierdurch erhaltenen und mit den nächst höhern Einheiten versehenen einfach benannten Zahlen zu der folgenden Addition dieser höhern Einheiten, und stelle die in der Summe sich ergebenden einfach benannten Zahlen unter die gleichbenannten Zahlen der Summanden.

Soll man z. B. die benannten Zahlen 5 Thlr. 8 Gr. 7 Pf. und 7 Thlr. 22 Gr. 6 Pf. zu einander addiren, so erhält man:

5 Thlr. 8 Gr. 7 Pf.
7 Thlr. 22 Gr. 6 Pf.,
und also 13 Thlr. 7 Gr. 1 Pf. als verlangte Summe.

§. 96.

Soll man von einer mehrfach benannten Zahl eine andere mehrfach gleichbenannte subtrahiren, so stelle man den Subtrahenden (wie im vorigen Paragraphen) unter den Minuenden, fange bei den niedrigsten Einheiten zu subtrahiren an, nehme, im Falle eine im Minuenden stehende einfach benannte Zahl kleine ist, als eine im

Subtrahenden darunter stehende, von den zunächst höhern Einheiten des Minuenden eine hinweg, addire dieselbe, nachdem man sie auf die zunächst niedrigere Einheit gebracht hat, zu der im Minuenden mit dieser Einheit versehenen einfach benannten Zahl, subtrahire von der nun entstandenen Summe die im Subtrahenden darunter stehende einfach benannte Zahl, und stelle die im Reste sich ergebenden einfach benannten Zahlen unter die gleichbenannten Zahlen des Subtrahenden.

Soll demzufolge von der mehrfach benannten Zahl 8 Thlr. 6 Gr. 4 Pf. die mehrfach gleichbenannte 2 Thlr. 16 Gr. 2 Pf. subtrahirt werden, so ergiebt sich:

8. Thlr. 6 Gr. 4 Pf.
2 Thlr. 16 Gr. 2 Pf.,

und also 5 Thlr. 14 Gr. 2. Pf. als verlangte Differenz.

Wurde ferner Jemand 1723 den 14. December geboren und starb derselbe 1791 den 24. März, so erhält man:

1791. Jahre 2 Monate 24 Tage
1723 Jahre 11 Monate 14 Tage,

und also 67 Jahre 3 Monate 10 Tage als das Alter dieser Person.

§. 97.

Soll man eine mehrfach benannte Zahl mit einer unbenannten multipliciren, so multiplicire man, von den niedrigsten Einheiten anfangend, jeden einzelnen Theil des Multiplikanden mit dem Multiplikator, bringe die nach und nach entstandenen einzelnen Produkte jedesmal auf die nächst höhern Einheiten, lasse jedoch die etwa vorkommenden Reste in den niedrigern Einheitrn ausgedrückt, addire die hierauf erhaltenen und mit den nächst höheren Einheiten versehenen einfach benannten Zahlen zu den folgenden Produkten dieser höhern Einheiten, und stelle die im Resultate sich ergebenden einfach benannten Zahlen unter die gleichbenannten des Multiplikanden.

Soll demgemäß die mehrfach benannte Zahl 5 Thlr. 7 Gr. 7 Pf. mit 10 multiplicirt werden, so ergiebt sich:

5 Thlr. 7 Gr. 7 Pf.
10,

und also 53 Thlr. 3 Gr. 10 Pf. als verlangtes Produkt.

§. 98.

Soll man eine benannte Zahl mit einer zusammengesetzten unbenannten multipliciren, so ist es öfters praktisch bequem, die zusammengesetzte (unbenannte) Zahl in ihre Faktoren zu zerlegen, und die benannte Zahl zuerst mit dem ersten, das hierdurch entstandene Produkt mit dem zweiten, das sich nun ergebende mit dem dritten Faktor u. s. w. zu multipliciren. Soll man z. B. 3 Thlr. 6 Gr. 2 Pf. mit 15 multipliciren, so multiplicirt man dieselbe zuerst mit 3, und das hierdurch entstandene Produkt mit 5.

Es ergiebt sich alsdann:

3 Thlr. 6 Gr. 2 Pf.
3
―――――――――――
9 Thlr. 18 Gr. 6 Pf.
5
―――――――――――
und also 48 Thlr. 20 Gr. 6 Pf. als verlangtes Produkt.

§. 99.

Wenn eine mehrfach benannte Zahl durch eine unbenannte dividirt werden soll, so dividirt man die höchsten Einheiten des Dividenden durch den Divisor, verwandelt die jedesmaligen Reste in einfach benannte Zahlen, welche den nächst niedrigern Einheiten zugehören, addirt zu denselben die schon vorhandenen und mit diesen Einheiten versehenen einfach benannten Zahlen, dividirt die nun entstandenen benannten Zahlen durch den Divisor und fährt so lange zu dividiren fort, bis man auch die niedrigsten Einheiten dividirt hat. Die auf diese Weise entstandene benannte Zahl ist aber der verlangte Quotient.

Soll man demzufolge die mehrfach benannte Zahl 17 Thlr. 5 Gr. 6 Pf. durch 2 dividiren, so ergiebt sich:

	Thlr.	Gr.	Pf.	
2	17	5	6	8 Thlr. 14 Gr. 9 Pf.

16
―――
1 Thlr.
multiplicirt 24
―――
24 Gr.
addirt 5 Gr.
―――
2 | 29 Gr. |
28 Gr.
―――
1 Gr.
multiplicirt 12
―――
12 Pf.
addirt 6 Pf.
―――
2 | 18 Pf. |
18 Pf.
―――
0,

und es ist deshalb 8 Thlr. 14 Gr. 9 Pf. der verlangte Quotient.

§. 100.

Soll man eine benannte Zahl durch eine zusammengesetzte unbenannte dividiren, so ist es öfters praktisch bequem, den Divisor in seine Faktoren zu zerfällen, und den Dividenden zuerst mit dem ersten Faktor, den hierdurch sich ergebenden Quotienten mit dem zweiten und den sich nun ergebenden mit dem dritten Faktor u. s. w. zu dividiren.

Soll man z. B. die mehrfach benannte Zahl 46 Thlr. 12 Gr. 9 Pf. durch 15 dividiren, so dividirt man dieselbe zuerst durch 3 und den hierdurch entstandenen Quotienten durch 5. Es ergiebt sich alsdann:

$$\frac{46 \text{ Thlr. } 12 \text{ Gr. } 9 \text{ Pf.}}{3} = 15 \text{ Thlr. } 12 \text{ Gr. } 3 \text{ Pf.},$$

$$\frac{15 \text{ Thlr. } 12 \text{ Gr. } 3 \text{ Pf.}}{5} = 3 \text{ Thl. } 2 \text{ Gr. } 5\tfrac{3}{5} \text{ Pf.},$$

und also 3 Thlr. 2 Gr. $5\frac{3}{5}$ Pf. als verlangter Quotient.

§. 101.

Soll man eine mehrfach benannte Zahl mit einem Bruche multipliciren, so multiplicirt man dieselbe mit dem Zähler und dividirt das hierdurch entstandene Produkt durch den Nenner.

So ist z. B. $5 \text{ Thlr. } 8 \text{ Gr. } 4 \text{ Pf.} \cdot \frac{2}{3} = \frac{5 \text{ Thlr. } 8 \text{ Gr. } 4 \text{ Pf.} \cdot 2}{3} =$

$$= \frac{10 \text{ Thlr. } 16 \text{ Gr. } 8 \text{ Pf.}}{3} = 3 \text{ Thlr. } 13 \text{ Gr. } 6\tfrac{2}{3} \text{ Pf. u. s. w.}$$

§. 102.

Soll man eine mehrfach benannte Zahl durch einen Bruch dividiren, so kehrt man den Divisor um und verfährt alsdann wie im vorigen Paragraphen.

Siebentes Kapitel.

Von einigen wichtigen Rechnungsregeln.

§. 103.

Die im gewöhnlichen Leben vorkommenden Rechnungsaufgaben, welche bloße Additionen, Subtraktionen, Multiplikationen und Divisionen ein= oder mehrfach benannter Zahlen sind, werden auf die im vorigen Kapitel angegebene Weise gelöst.

Die noch übrigen Rechnungsaufgaben lassen sich aber in 4, 6, 8, 10 u. s. w. (also überhaupt in eine gerade Anzahl) Theile zerlegen, welche Glieder heißen.

Man unterscheidet aber bei den in jeder Aufgabe vorkommenden Gliedern: das erste, zweite, dritte, vierte Glied; und stellt die Glieder bei den viergliedrigen Aufgaben in folgender Ordnung:

erstes Glied	zweites Glied
viertes Glied	drittes Glied

und bei den mehrgliedrigen in folgender Reihe:

erstes Glied,	zweites Glied,
viertes Glied,	drittes Glied,
sechstes Glied,	fünftes Glied,
achtes Glied,	siebentes Glied,
zehntes Glied,	neuntes Glied,
u. s. w.	u. s. w.

unter einander.

Das in jeder Aufgabe vorkommende Zeichen # (ausgesprochen wie viel?) drückt 1) die unbekannte Zahl aus, und deutet 2) an, daß die Seite, auf der es sich befindet, der Divisor sein soll.

§. 104.

I. Kommen in einer aus vier Gliedern bestehenden Rechnungsaufgabe Menschen, Pferde u. s. w.*), Ellen, Centner, Pfunde, Lothe, Quentchen, Kapitalien, Mauern, Häuser, Gräben, Gärten, Äcker u. s. w.**) vor, so bilden diese Gegenstände, als benannte Zahlen betrachtet, nebst allen denjenigen benannten Zahlen, welche zu ihrer nähern Bestimmung***) dienen, das erste, und die Verrichtungen†), Kosten, Gewinnne, Verluste, Erträge, Werthe u. s. w. dieser Ge=

*) Also lebendige Geschöpfe.

**) Also leblose Dinge.

***) Man bemerke, daß eine Längengröße eine, eine Flächengröße höchstens zwei und eine Körpergröße höchstens drei nähere Bestimmungen enthält.

†) d. h. das, was die Menschen, Pferde u. s. w. thun und bewirken, das, worauf überhaupt ihre Thätigkeit hingerichtet ist.

genstände, ebenfalls als benannte Zahlen angesehen, nebst denjenigen benannten Zahlen, welche zur nähern Bestimmung dieser Verrichtungen, Kosten, Gewinne, Verluste, Erträge, Werthe u. s. w. dienen, das zweite Glied dieser Aufgabe. Hat man aber das erste und zweite Glied einer Aufgabe gefunden, so erhält man das dritte und vierte mit großer Leichtigkeit. Man schreibt nämlich, um das dritte Glied zu ermitteln, die benannten Einheiten, wie sie im ersten Gliede auf einander folgen, unter das zweite Glied, und setzt vor dieselben die in der Aufgabe noch vorkommenden und mit den nämlichen benannten Einheiten versehenen unbenannten Zahlen. Schreibt man ferner die im zweiten Gliede stehenden benannten Einheiten, wie sie in diesem Gliede auf einander folgen, unter das erste Glied, setzt alsdann vor diese Einheiten die in der Aufgabe noch nicht genommenen und mit den nämlichen Einheiten versehenen unbenannten Zahlen, so erhält man das vierte Glied der gegebenen Aufgabe. Hat man aber endlich die vier Glieder der in Rede stehenden Aufgabe auf die so eben angegebene Weise gebildet, so ergiebt sich, nach §. 39. oder 64., das verlangte Resultat.

§. 105.

Soll man 1) die Aufgabe auflösen: Wenn 1 Elle 2 Thaler kostet, wie viel Thaler gelten alsdann 8 Ellen? so erhält man:

1 Elle als erstes,

und 2 Thaler als zweites Glied.

weil die in einer Aufgabe vorkommenden Ellen, als benannte Zahlen betrachtet, nebst allen denjenigen benannten Zahlen, welche zu ihrer nähern Bestimmung dienen, das erste, und die Kosten dieser Ellen, ebenfalls als benannte Zahlen angesehen, nebst denjenigen benannten Zahlen, welche zur nähern Bestimmung dieser Kosten dienen, das zweite Glied bilden, und hier keine benannte Zahlen zur nähern Bestimmung der 1 Elle und 2 Thlr. mehr vorhanden sind.

Um aber nun das dritte Glied der gegebenen Aufgabe zu erhalten, schreibt man die im ersten Gliede vorkommende benannte

Einheit Elle nochmals hin, und setzt vor diese Einheit die in der Aufgabe noch vorkommende und mit der nämlichen benannten Einheit versehene unbenannte Zahl. Nun kommt aber noch in der Aufgabe die mit der Einheit Elle versehene unbenannte Zahl 8 vor; und setzt man jetzt diese unbenannte Zahl vor die ihr entsprechende Einheit Elle, so erhält man:

8 Ellen

als drittes Glied der gegebenen Aufgabe.

Schreibt man nun endlich die im zweiten Gliede stehende benannte Einheit Thaler ebenfalls hin, und setzt vor diese Einheit die in der Aufgabe noch nicht genommene und mit der nämlichen benannten Einheit versehene unbenannte Zahl #, so ergiebt sich:

Thlr.

als viertes Glied der in Rede stehenden Aufgabe.

Man pflegt aber, nachdem die beiden ersten Glieder dieser Aufgabe gebildet sind, folgendes Schema anzufertigen:

Erstes Glied	Zweites Glied
1 Elle	2 Thlr.
Viertes Glied	Drittes Glied
Thlr.	Ellen,

und alsdann die im dritten und vierten Gliede vor den benannten Einheiten noch offenen Stellen durch die zu diesen Einheiten gehörigen unbenannten Zahlen (auf die in gegenwärtiger Aufgabe bereits angegebene Weise) auszufüllen.

Man erhält aber alsdann:

Erstes Glied	Zweites Glied
1 Elle	2 Thlr.
Viertes Glied	Drittes Glied
# Thlr.	8 Ellen;

und läßt man jetzt in dem so eben gefundenen Schema die Ausdrücke: Erstes Glied, zweites Glied, drittes Glied und Viertes Glied, der Kürze wegen weg, und verfährt alsdann auf die im vor. §. zuletzt angegebene Weise, so ergiebt sich:

1 Elle	2 Thlr.
# Thlr.	8 Ellen
1	16

Resultat: $\frac{16}{1}$ Thlr. oder 16 Thlr.

Soll man 2) die Aufgabe auflösen: Wenn ein

Mensch in einer gewissen Zeit $2\frac{1}{2}$ Pfd. Brod verzehrt, wie viel Pfund Brod werden 5 Menschen in dieser Zeit verzehren? so geht zuerst aus dem im vorigen §. Gesagten unmittelbar hervor, daß die benannte Zahl 1 Mensch das erste Glied bildet. Auch findet man aus der im vorigen §. gegebenen Regel, daß das zweite Glied der vorliegenden Aufgabe durch die benannte Zahl $2\frac{1}{2}$ Pfd. Brod, gebildet wird, weil die Thätigkeit der im ersten Gliede vorkommenden benannten Zahl, d. h. des einen Menschen, offenbar auf die $2\frac{1}{2}$ Pfd. Brod gerichtet ist.

Nun ist aber wie im vorigen Beispiele:

Erstes Glied	Zweites Glied
1 Mensch	$2\frac{1}{2}$ Pfd. Brod
Viertes Glied	Drittes Glied
Pfund Brod	Menschen;

und setzt man jetzt vor die im dritten und vierten Gliede stehenden benannten Einheiten die in der Aufgabe noch nicht genommenen, aber mit den nämlichen benannten Einheiten versehenen unbenannten Zahlen, so erhält man:

Erstes Glied	Zweites Glied
1 Mensch	$2\frac{1}{2}$ Pfd. Brod
Viertes Glied	Drittes Glied
# Pfd. Brod	5 Menschen,

oder:

1 Mensch	5 Pfd. Brod
# Pfd. Brod	5 Menschen
2	25

Resultat: $\frac{25}{2}$ Pfd. oder $12\frac{1}{2}$ Pfd. Brod.

Soll man 3) die Aufgabe auflösen: Wenn ein Kapital in 1 Jahr $5\frac{1}{2}$ Thlr. Zins abwirft, wie viel Thaler Zins wird dieses Kapital in $4\frac{2}{3}$ Jahren einbringen? so erhält man nach der im vorigen §. angegebenen Regel:

1 Kapital
1 Jahr

als erstes Glied, weil die Kapitalien, als benannte Zahlen betrachtet, nebst allen denjenigen benannten Zahlen, welche zur nähern Bestimmung dieser Kapitalien dienen, das erste Glied ausmachen, und in gegenwärtiger Aufgabe 1 Kapital durch die benannte Zahl 1 Jahr näher bestimmt wird.

Es ergiebt sich ferner:

5½ Thlr. Zins

als zweites Glied, weil bei Kapitalien ihre Gewinne, als benannte Zahlen betrachtet, nebst denjenigen benannten Zahlen, welche zur nähern Bestimmung dieser Gewinne dienen, das zweite Glied bilden, und in dieser Aufgabe keine benannte Zahlen zur Bestimmung des Gewinnes (d. h. der 5½ Thlr. Zins) mehr vorhanden sind.

Man erhält also zuerst:

Erstes Glied	Zweites Glied
1 Kapital 1 Jahr	5½ Thlr. Zins
Viertes Glied	**Drittes Glied**
Thlr. Zins	Kapital Jahr;

und alsdann:

Erstes Glied	Zweites Glied
1 Kapital 1 Jahr	5½ Thlr. Zins
Viertes Glied	**Drittes Glied**
# Thlr. Zins	1 Kapital 4⅔ Jahr.

oder:

1 Kapital	11 ~~5½~~ Thlr. Zins
1 Jahr	1 Kapital
# Thlr. Zins	7 ~~14~~ ~~4⅔~~ Jahr
2	
3	
3	77

Resultat 25⅔ Thlr. Zins.

Soll man 4) die Aufgabe auflösen: Wenn 5 Pfd. 16 Thlr. gelten, wie viel Thaler wird alsdann 1 Pfd. zu stehen kommen? so erhält man auf die No. 1. gegenw. §. angegebene Weise:

Erstes Glied	Zweites Glied
5 Pfd.	16 Thlr.
Viertes Glied	**Drittes Glied**
# Thlr.	1 Pfd.

und hieraus:

5 Pfd.	16 Thlr.
# Thlr.	1 Pfd.
5	16

Resultat 3⅕ Thlr.

Soll man 5) die Aufgabe auflösen: Wenn 100 Thlr. Kapital in einem Jahre $4\frac{3}{5}$ Thlr. Zins abwerfen, wie viel Thaler Zins wird 1 Thlr. Kapital in dieser Zeit einbringen? so erhält man, wie in der dritten Aufgabe dieses §.:

Erstes Glied	Zweites Glied
100 Thlr. Kapital 1 Jahr	$4\frac{3}{5}$ Thlr. Zins
Viertes Glied	**Drittes Glied**
# Thlr. Zins	1 Thlr. Kapital 1 Jahr,

oder:

100 Thlr. Kapital	23 $4\frac{3}{5}$ Thlr. Zins
1 Jahr	1 Thlr. Kapital
# Thlr. Zins	1 Jahr.
5	
500	23

Resultat $\frac{23}{500}$ Thlr.

Soll man 6) die Aufgabe auflösen: Wenn 1 Arbeiter in 16 Tagen einen Graben vollendet, in wie viel Tagen werden 5 Arbeiter diesen Graben fertig machen? so geht aus der in gegenw. §. gegebenen Regel hervor, daß die benannten Zahlen:

1 Arbeiter
16 Tage

das erste Glied bilden.

Denn der in dieser Aufgabe zuerst vorkommende Arbeiter ist durch die benannte Zahl 1 Arbeiter bezeichnet, und die benannte Zahl 16 Tage bestimmt diesen einen Arbeiter näher, weil sie angiebt, daß derselbe 16 Tage an der Arbeit zubringen soll.

Auch ergiebt sich aus der bereits genannten Regel, daß das zweite Glied der vorliegenden Aufgabe durch die benannte Zahl 1 Graben gebildet wird, weil die Verrichtung des im ersten Gliede vorkommenden Arbeiters offenbar ein Graben ist. Nun ist aber nach den in gegenw. Abtheilung bereits abgehandelten Beispielen:

Erstes Glied	Zweites Glied
1 Arbeiter 16 Tage	1 Graben
Viertes Glied	**Drittes Glied**
Graben	Arbeiter Tage

oder:

Erstes Glied	Zweites Glied
1 Arbeiter 16 Tage	1 Graben
Viertes Glied	**Drittes Glied**
1 Graben	5 Arbeiter # Tage

oder:

1 Arbeiter	1 Graben
16 Tage	5 Arbeiter
1 Graben	# Tage
16	5

Resultat $3\frac{1}{5}$ Tag.

Soll man 7) die Aufgabe auflösen: Wenn eine Festung 4 Jahre lang mit Proviant versehen ist, indem jeder Mann täglich 2 Pfd. davon erhält, wie viel Pfund wird jeder Mann täglich erhalten, wenn der vorhandene Proviant in 1 Jahre aufgezehrt sein soll? so erhält man nach der im vorigen §. gegebenen Regel:

1 Mann
4 Jahre
2 Pfund

als erstes Glied dieser Aufgabe; und zwar weiß man: daß die in diesem Gliede vorkommenden 4 Jahre und 2 Pfund zur nähern Bestimmung des einen Mannes dienen, indem die erste benannte Zahl 4 Jahre angiebt, daß dieser eine Mann 4 Jahre am Proviante genug hat, und die zweite 2 Pfund bestimmt, daß derselbe täglich zwei Pfund vom Proviante erhält.

Da nun ferner ein Proviant (oder kürzer ausgedrückt 1 Proviant) dasjenige ist, was der eine Mann verzehrt, also als Verrichtung dieses einen Mannes erscheint, und keine benannten Zahlen zur nähern Bestimmung dieser Verrichtung mehr vorhanden sind, so ergiebt sich:

1 Proviant

als zweites Glied gegenw. Aufgabe.

Nun ist aber (wie im vorigen Beispiele):

Erstes Glied	Zweites Glied
1 Mann 4 Jahre 2 Pfund	1 Proviant

Viertes Glied	Drittes Glied
	Mann
Proviant	Jahre
	Pfund

Setzt man aber jetzt vor die im dritten und vierten Gliede stehenden benannten Einheiten die in der Aufgabe noch nicht genommenen, aber mit den nämlichen benannten Einheiten versehenen unbenannten Zahlen, so erhält man:

Erstes Glied	Zweites Glied
1 Mann	
4 Jahre	1 Proviant
2 Pfund	
Viertes Glied	**Drittes Glied**
	1 Mann
1 Proviant	1 Jahr
	# Pfund

oder:

1 Mann	1 Proviant
4 Jahre	
2 Pfund	1 Mann
	1 Jahr
1 Proviant	# Pfund
8	1

Resultat 8 Pfund

Soll man 8) die Aufgabe auflösen: **Wenn in einer belagerten Festung 1000 Mann Soldaten in 6 Wochen einen gewissen Proviant, indem jeder Mann täglich 2 Pfund von demselben erhält, verzehren, wie viel Pfund Proviant wird, nachdem noch 400 Mann hinzugekommen, jeder Mann täglich erhalten, wenn jetzt die 1400 Mann Soldaten mit demselben Proviante eben so lange ausreichen sollen?** so ergiebt sich auf die so eben angegebene Weise:

Erstes Glied	Zweites Glied
1000 Mann	
6 Wochen	1 Proviant
2 Pfund	
Viertes Glied	**Drittes Glied**
	1400 Mann
1 Proviant	6 Wochen
	# Pfund

oder:

1000 Mann	1 Proviant
6 Wochen	
2 Pfund	7 1400 Mann
	6 Wochen
1 Proviant	# Pfund
10	7

Resultat $1\frac{3}{7}$ Pfund.

Soll man 9) die Aufgabe auflösen: Wenn $3\frac{2}{5}$ Ellen $4\frac{2}{7}$ Thaler kosten, wie viel Thaler werden alsdann 5 Ellen gelten? so erhält man nach No. 1. dieses §.:

Erstes Glied	Zweites Glied
$3\frac{2}{5}$ Ellen	$4\frac{2}{7}$ Thlr.
Viertes Glied	**Drittes Glied**
# Thlr.	5 Ellen,

und hieraus:

17 $3\frac{2}{5}$ Ellen	$4\frac{2}{7}$ Thlr. 30
# Thlr.	5 Ellen
7	5

Resultat $6\frac{36}{119}$ Thlr.

Soll man 10) die Aufgabe auflösen: Wie viel Zinsen werfen 600 Thlr. Kapital in 1 Jahre zu 3 % ab? so erhält man nach No. 3. dieses §.:

Erstes Glied	Zweites Glied
600 Thlr. Kapital	# Thlr. Zins
1 Jahr	
Viertes Glied	**Drittes Glied**
3 Thlr. Zins	100 Thlr. Kapital
	1 Jahr,

und hieraus:

600 Thlr. Kapital	# Thlr. Zins
1 Jahr	100 Thlr. Kapital
3 Thlr. Zins	1 Jahr.

Resultat 18 Thlr.

Soll man 11) die Aufgabe auflösen: Wie viel Zinsen werfen 500 Thlr. Kapital zu 7 % in 9 Jahren ab? so ergiebt sich nach No. 3. dieses §.:

Erstes Glied	Zweites Glied
500 Thlr. Kapital	# Thlr. Zins
9 Jahr	

Viertes Glied	Drittes Glied
7 Thlr. Zins	100 Thlr. Kapital
	1 Jahr,

und hieraus:

500 Thlr. Kapital	# Thlr. Zins
9 Jahr	100 Thlr. Kapital
7 Thlr. Zins	1 Jahr.

Resultat 315 Thlr. Zins

Soll man 12) die Aufgabe auflösen: Wenn 700 Thlr. Kapital zu 4 % in 5 Jahren einen gewissen Zins abwerfen, wie viel Jahre müssen 500 Thlr. Kapital zu 6 % ausgeliehen werden, wenn sie eben so viel Zins einbringen sollen? so erhält man zuerst:

Erstes Glied	Zweites Glied
700 Thlr. Kapital	
5 Jahre	1 Zins
4 %	
Viertes Glied	**Drittes Glied**
	Thlr. Kapital
Zins	Jahre
	%,

und alsdann:

Erstes Glied	Zweites Glied
700 Thlr.	
5 Jahre	1 Zins
4 %	
Viertes Glied	**Drittes Glied**
	500 Thlr.
1 Zins	# Jahre
	6 %,

oder:

700 Thlr.	1 Zins
5 Jahre	500 Thlr.
2 4 %	# Jahre
1 Zins	6 %. 3

Resultat $4\frac{2}{3}$ Jahre.

Soll man 13) die Aufgabe auflösen: Wenn 1025 Mann Soldaten in 12 Monaten 16500 Thlr. zu unterhalten kosten, wie viel Thaler wird man für 2150 Mann in $2\frac{1}{2}$ Jahren zu bezahlen haben? so erhält man:

1025 Mann
12 Monate

als erstes Glied dieser Aufgabe.

Da aber nach der im vorigen §. gegebenen Regel der Unterhalt der **1025** Mann Soldaten nebst denjenigen benannten Zahlen, welche zur nähern Bestimmung dieses Unterhaltes dienen, das zweite Glied bilden, so ergiebt sich:

1 Unterhalt
16500 Thaler

als zweites Glied.

Es ist also:

Erstes Glied	Zweites Glied
1025 Mann	1 Unterhalt
12 Monate	16500 Thaler
Viertes Glied	**Drittes Glied**
Unterhalt	Mann
Thaler	Monate

und hieraus:

Erstes Glied	Zweites Glied
1025 Mann	1 Unterhalt
12 Monate	16500 Thaler
Viertes Glied	**Drittes Glied**
1 Unterhalt	2150 Mann
# Thaler	30 Monate*).

oder:

41	205	1025 Mann	1 Unterhalt		
	2	12 Monate	16500 Thlr.		
		1 Unterhalt	2150 Mann	430	215
		# Thlr.	30 Monate	5	
		41	3547500		

Resultat $86524\frac{16}{41}$ Thlr.

Soll man 14) die Aufgabe auflösen: Wenn **600** Menschen in **7** Monaten **1800** Centner Mehl gebrauchen, wie viel Menschen werden in **5** Monaten **3000** Centner Mehl nöthig haben? so erhält man nach No. **7.** dieses §.:

Erstes Glied	Zweites Glied
600 Menschen	1800 Centner
7 Monate	

---

*) Da im ersten und dritten Gliede einer jeden Aufgabe die nämlichen benannten Einheiten vorkommen müssen, hier aber im ersten Gliede die benannte Einheit Monat steht, während im dritten die benannte Einheit Jahr vorhanden ist, so muß man, bevor die benannten Einheiten des dritten Gliedes hingeschrieben werden, die benannte Zahl $2\frac{1}{2}$ Jahr in eine andere verwandeln, welche der Einheit Monat zugehört. Man erhält aber alsdann $2\frac{1}{2}$ Jahr = **30** Monat; und bringt das so eben Gesagte bei allen ähnlichen Aufgaben in Anwendung.

Viertes Glied — Drittes Glied
3000 Centner — # Menschen
5 Monate,

oder:

600 Menschen
7 Monate — 1800 Centner 3

200 600 3000 Centner — # Menschen
5 Monate

Resultat 1400 Menschen.

Soll man 15) die Aufgabe auflösen: Wenn 5 Kaufleute 8 Monate in einer Handelsverbindung stehen und in dieser Zeit 2000 Thlr. gewinnen, wie lange müssen 4 Kaufleute (unter den nämlichen Bedingungen) handeln, wenn sie 3110 Thlr. gewinnen sollen? so erhält man zuerst:

5 Kaufleute
8 Monate

als erstes Glied.

Da aber nach der im vorigen §. aufgestellten Regel die Gewinne der 5 Kaufleute nebst den nähern Bestimmungen dieser Gewinne das zweite Glied der gegebenen Aufgabe bilden, so ergiebt sich:

2000 Thaler

als zweites Glied, weil in gegenw. Aufgabe keine benannten Zahlen zur nähern Bestimmung des Gewinnes (d. h. der 2000 Thaler) mehr vorhanden sind.

Man erhält also:

Erstes Glied — Zweites Glied
5 Kaufleute — 2000 Thlr.
8 Monate

Viertes Glied — Drittes Glied
Thaler — Kaufleute
Monate;

und hieraus:

Erstes Glied — Zweites Glied
5 Kaufleute — 2000 Thaler
8 Monate

Viertes Glied — Drittes Glied
3110 Thlr. — 4 Kaufleute
Monate

oder:

5 Kaufleute	2000 Thlr. 100 20
2 8 Monate	4 Kaufleute
3110 Thlr.	# Monate.

Resultat $15\frac{1}{20}$ Monat.

Soll man 16) die Aufgabe auflösen: **Wenn Jemand für eine Mauer, welche 20 Fuß lang, 11 Fuß hoch, und 2 Fuß breit ist, 400 Thlr. zahlt, wie viel wird er für eine andere Mauer zahlen müssen, die 36 Fuß lang, 15 Fuß hoch und 3 Fuß breit sein soll?** so geht zuerst aus der im vorigen §. gegebenen Regel hervor, daß das erste Glied dieser Aufgabe durch die benannten Zahlen:

1 Mauer
20 Fuß lang
11 Fuß hoch
2 Fuß breit

gebildet wird.

Denn der in gegenw. Aufgabe zuerst vorkommende Gegenstand ist durch die benannte Zahl 1 Mauer ausgedrückt, und die benamten Zahlen 20 Fuß lang, 11 Fuß hoch und 2 Fuß breit bestimmen diese Mauer näher, indem diese benannten Zahlen angeben, daß die Mauer 20 Fuß lang, 11 Fuß hoch und 2 Fuß breit werden soll.

Eben so ergiebt sich, daß das zweite Glied dieser Aufgabe durch die benannte Zahl: 400 Thlr.
dargestellt ist.

Denn die Kosten einer Mauer, als benannte Zahlen betrachtet, nebst allen denjenigen benannten Zahlen, welche zur nähern Bestimmung dieser Kosten dienen, bilden immer das zweite Glied. Nun kostet aber die in gegenw. Aufgabe vorkommende Mauer 400 Thaler, und es machen also (wie schon bemerkt wurde) 400 Thlr. das zweite Glied aus, weil keine benannte Zahlen zur nähern Bestimmung dieser 400 Thlr. mehr vorhanden sind. —

Nun ist aber wie in vor. Beispielen:

Erstes Glied	Zweites Glied
1 Mauer 20 Fuß lang 11 Fuß hoch 2 Fuß breit	400 Thlr.

Viertes Glied	Drittes Glied
Thlr.	Mauer Fuß lang Fuß hoch Fuß breit;

und hieraus:

Erstes Glied	Zweites Glied
1 Mauer 20 Fuß lang 11 Fuß hoch 2 Fuß breit	400 Thlr.
Viertes Glied	**Drittes Glied**
# Thlr.	1 Mauer 36 Fuß lang 15 Fuß hoch 3 Fuß breit,

oder:

1 Mauer 20 Fuß lang 11 Fuß hoch 2 Fuß breit	400 Thlr. 10
# Thlr.	1 Mauer 36 Fuß lang 15 Fuß breit 3 Fuß breit
11	16200

Resultat $1472\frac{8}{11}$ Thlr.

Soll man 17) die Aufgabe auflösen: Wenn Jemand für einen Graben, der 360 Fuß lang, 15 Fuß breit und 8 Fuß tief sein soll, 600 Thlr. zahlt, wie tief wird ein anderer Graben sein müssen, welcher 500 Fuß lang und $12\frac{1}{2}$ Fuß breit ist, und $980\frac{2}{5}$ Thlr. kostet? so erhält man:

1 Graben
360 Fuß lang
15 Fuß breit
8 Fuß tief } als erstes, und 600 Thlr. als 2tes Glied.

Nun ist aber:

Erstes Glied	Zweites Glied
1 Graben 360 Fuß lang 15 Fuß breit 8 Fuß tief	600 Thlr.

Viertes Glied	Drittes Glied
Thlr.	Graben Fuß lang Fuß breit Fuß tief;

und hieraus:

Erstes Glied	Zweites Glied
1 Graben 360 Fuß lang 15 Fuß breit 8 Fuß tief	600 Thlr.
Viertes Glied	**Drittes Glied**
$980\frac{2}{5}$ Thlr.	1 Graben 500 Fuß lang $12\frac{1}{2}$ Fuß breit \# Fuß tief;

oder:

1 Graben 6 360 Fuß lang 3 15 Fuß breit 2 8 Fuß tief	600 Thlr. 10 5
4902 $980\frac{2}{5}$ Thlr. 2	1 Graben 500 Fuß lang 125 $12\frac{1}{2}$ Fuß breit 25 5 \# Fuß tief 5
176472	15625,

Resultat $11\frac{4597}{15625}$ Fuß.

Soll man 18) die Aufgabe auflösen: Wenn 3 Personen vermittelst einer Maschine eine Last von 8000 Pfd. auf eine Höhe von 40 Fuß in 7 Stunden heben, wieviel Fu hoch können 6 Personen in 3 Stunden eine Last von 1000 Pfd. heben? so erhält man zuerst:

Erstes Glied	Zweites Glied
3 Personen 7 Stunden	8000 Pfund 40 Fuß hoch
Viertes Glied	**Drittes Glied**
Pfund Fuß hoch	Personen Stunden

und alsdann:

Erstes Glied	Zweites Glied
3 Personen 7 Stunden	8000 Pfund 40 Fuß hoch

Viertes Glied	Drittes Glied
10000 Pfund	6 Personen
# Fuß hoch	3 Stunden

oder:

3 Personen	8000 Pfund
7 Stunden	40 Fuß hoch
10000 Pfund	6 Personen
# Fuß hoch	3 Stunden

Resultat $27\frac{3}{4}$ Fuß hoch.

Soll man 19) die Aufgabe auflösen: Wenn 10 Arbeiter in 24 Tagen, den Tag zu 10 (Arbeits-) Stunden gerechnet, einen Graben, der 60 Fuß lang, 4 Fuß breit und 2 Fuß tief ist, fertigen, wie viel Arbeiter können in 15 Tagen, den Tag zu 9 Stunden gerechnet, einen Graben fertigen, welcher 81 Fuß lang, 2 Fuß breit und 1 Fuß tief ist? so geht aus der im vor. §. gegebenen Regel hervor: daß die 10 Arbeiter nebst den 24 Tagen und 10 Stunden das erste Glied bilden. Denn die in gegenw. Aufgabe zuerst vorkommenden Arbeiter sind durch die benannte Zahl 10 Arbeiter bezeichnet, und die benannten Zahlen 24 Tage und 10 Stunden bestimmen diese Arbeiter näher, weil die 24 Tage angeben, daß diese 10 Arbeiter 24 Tage, und die 10 Stunden, daß diese Arbeiter 10 Stunden täglich arbeiten sollen. Das so eben gefundene erste Glied stellt man nun in folgender Form dar:

Erstes Glied
10 Arbeiter
24 Tage
10 Stunden;

und ermittelt hierauf das zweite Glied der gegebenen Aufgabe. —

Man findet aber ebenfalls aus der im vorigen §. gegebenen Regel, daß dieses zweite Glied durch die benannten Zahlen: 1 Graben, 60 Fuß lang, 4 Fuß breit und 2 Fuß tief gebildet wird. Denn das, was die Arbeiter machen (d. h. ihre Verrichtung), ist offenbar 1 Graben, und die benannten Zahlen 60 Fuß lang, 4 Fuß breit und 2 Fuß tief sind die näheren Bestimmungen dieser Verrichtung; indem die erste benannte Zahl 60 Fuß lang angiebt, daß der Graben 60 Fuß lang, die zweite 4 Fuß breit anzeigt, daß derselbe 4 Fuß breit, und die dritte 2 Fuß tief bestimmt, daß der Graben 2 Fuß tief werden soll. —

Das zweite Glied der in Rede stehenden Aufgabe ist demzufolge:

Zweites Glied:
1 Graben
60 Fuß lang
4 Fuß breit
2 Fuß tief. —

Nun erhält man aber wie in den frühern Beispielen dieses §.:

Erstes Glied	Zweites Glied
10 Arbeiter	1 Graben
24 Tage	60 Fuß lang
10 Stunden	4 Fuß breit
	2 Fuß tief
Viertes Glied	**Drittes Glied**
Graben	Arbeiter
Fuß lang	Tage
Fuß breit	Stunden;
Fuß tief	

und hieraus:

Erstes Glied	Zweites Glied
10 Arbeiter	1 Graben
24 Tage	60 Fuß lang
10 Stunden	4 Fuß breit
	2 Fuß tief
Viertes Glied	**Drittes Glied**
1 Graben	# Arbeiter
81 Fuß lang	15 Tage
2 Fuß breit	9 Stunden,
1 Fuß tief	

oder:

10 Arbeiter	1 Graben
24 Tage	60 Fuß lang
2 10 Stunden	4 Fuß breit
	2 Fuß tief
1 Graben	# Arbeiter
3 9 81 Fuß lang	15 Tage 3
2 Fuß breit	9 Stunden.
1 Fuß tief	

Resultat 6 Arbeiter.

§. 106.

Aus vorigem Paragraphen ergiebt sich:

1) In jeder viergliedrigen Rechnungsaufgabe kommen zwei Subjekte und zwei ihnen zugehörige Prädikate vor.

2) Im ersten und dritten Gliede sind die beiden Subjekte mit ihren Bekleidungen (oder nähern Bestimmungen) und im zweiten und vierten die Prädikate nebst ihren Bekleidungen befindlich.

3) Jedes Prädikat steht dem ihm zugehörigen Subjekte gegenüber.

4) In dem ersten und zweiten Subjekte, und eben so in dem ersten und zweiten Prädikate, kommen beziehlich die nämlichen benannten Einheiten vor.

5) In manchen Aufgaben sind entweder die Subjekte, oder die Prädikate, oder beide ohne Bekleidungen vorhanden.

Anmerkung. Man sieht, daß jede viergliedrige Rechenaufgabe aus zwei Sätzen, einem Bedingungssatze und einem Fragesatze besteht; daß in jedem dieser Sätze ein Subjekt und ein Prädikat vorkommt, und daß jedes derselben, wie in einem Redesatze, durch nähere Bestimmungen bekleidet sein kann.

§. 107.

Kommen in einer aus sechs, acht, zehn oder mehreren Gliedern bestehenden Rechnungsaufgabe Centner, Pfunde Lothe, Quentchen, Münzsorten, Morgen, Ruthen u. s. w. vor, so bilden diese Gegenstände, als benannte Zahlen betrachtet, das erste, und ihre Kosten, Werthe u. s. w., ebenfalls als benannte Zahlen angesehen, das zweite Glied dieser Aufgabe. Die übrigen Glieder der gegebenen Aufgabe werden dadurch ermittelt, daß man zuerst auf der rechten Seite die ungeraden*) und auf der linken Seite die geraden**) Glieder in ihrer natürlichen Ordnung untereinander stellt, hierauf jedes ungerade Glied als (neues) erstes und jedes ihm gegenüberstehende gerade als ein ihm entsprechendes (neues) zweites

*) d. h. die dritten, fünften, siebenten, neunten u. s. w.

**) Nämlich die vierten, sechsten, achten, zehnten u. s. w.

Glied betrachtet, und darauf sieht, daß jedes rechts stehende Glied mit jedem in der zunächst vorhergehenden Zeile links stehenden Gliede gleichbenannt ist, und daß die im zweiten und letzten Gliede vorkommenden benannten Zahlen die nämlichen benannten Einheiten besitzen. Hat man aber endlich alle Glieder der in Rede stehenden Aufgabe auf die so eben angegebene Weise gebildet, so ergiebt sich, nach §. 39. oder 64., das verlangte Resultat.

§. 108.

Soll man 1) die Aufgabe auflösen: Wie viel Sous kostet 1 Pfd. Kaffe, Magdeburger Gewicht, zu Bourdeaux, wenn 105 Pfd. Kaffe Magdeb. Gewicht 100 Pfd. Kaffe zu Bourdeaux betragen, und 1 Pfd. Kaffe in Bourdeaux 15 Sous kostet? so erhält man zuerst nach der im vor. §. gegebenen Regel:

Erstes Glied	Zweites Glied
1 Pfd. Kaffe Magdeb. Gew.	# Sous
Viertes Glied	Drittes Glied
Sechstes Glied	Fünftes Glied.

Betrachtet man aber nun das dritte Glied als das (neue) erste, das vierte als das ihm entsprechende (neue) zweite, und giebt dem dritten Gliede die benannte Einheit des ersten Gliedes der gegebenen Aufgabe, so ergiebt sich:

Erstes Glied	Zweites Glied
1 Pfd. Kaffe Magdeb. Gew.	# Sous
Viertes Glied	Drittes Glied
100 Pfd. Kaffe Bourd. Gew.	105 Pfd. Kaffe Magdb. Gew.
Sechstes Glied	Fünftes Glied.

Sieht man hierauf das fünfte Glied als das (neue) erste und das sechste als das ihm zugehörige (neue) zweite an, und giebt dem fünften Gliede die benannte Einheit des vierten, so erhält man:

Erstes Glied	Zweites Glied
1 Pfd. Kaffe Magdeb. Gew.	# Sous
Viertes Glied	Drittes Glied
100 Pfd. Kaffe Bourd. Gew.	105 Pfd. Kaffe Magdeb. Gew.

	Sechstes Glied		Fünftes Glied
	15 Sous		1 Pfd. Kaffe Bourd. Gew. *)

oder:

1	Pfd. Kaffe Magdeb. Gew.	#	Sous
100	Pfd. Kaffe Bourd. Gew.	7 21 105	Pfd. Kaffe Magd. Gew.
3 15	Sous	1	Pfd. Kaffe Bourd. Gew.

Resultat $14\frac{2}{7}$ Sous.

Soll man 2) die Aufgabe auflösen: Wie viel Thaler Bco. zu Hamburg kosten von einer gewissen Waare 20 Pfd. Magdeb. Gew., wenn 105 Pfd. Magdeb. Gew. 100 Pfd. in Bourdeaux betragen; wenn ferner 1 Pfd. in Bourdeaux 22 Sous kostet, 60 Sous aber 25 Schilling Lüb. Bco. zu Hamburg, und 48 Schilling Lüb. Bco. zu Hamburg 1 Thlr. Bco. ausmachen? so ergiebt sich:

	20	Pf. Waare Magd. Gew.	#	Thlr. Bco. zu Hamb.
25	100	Pf. Waare Bourd. Gew.	21 105	Pf. Waare M. Gew.
11	22	Sous	1	Pf. Waare B. Gew.
5	25	Schill. Lüb. Bco. zu Hamb.	360	Sous
	1	Thlr. Bco. zu Hamb.	6 12 48	Sl. Lüb. Bco. zu Hbrg.
1375			378,	

Resultat $3\frac{241}{378}$ Thlr. Bco. zu Hamb. u. s. w.

§. 109.

Aus vorigem Paragraphen geht Folgendes hervor:

1) In jeder sechsgliedrigen Aufgabe sind drei, in jeder achtgliedrigen vier und in jeder zehngliedrigen fünf Subjekte befindlich u. s. w.

2) Zu jedem Subjekte gehört ein ihm gegenüber stehendes Prädikat, so daß jede sechsgliedrige Aufgabe drei, jede achtgliedrige vier und jede zehngliedrige fünf Prädikate enthält, u. s. w.

3) Die Subjekte**) kommen im ersten, dritten, fünften, siebenten, neunten Gliede u. s. w., und die ihnen zugehörigen Prädikate im zweiten, vierten, sechsten, achten, zehnten u. s. w. vor.

4) Im ersten und zweiten Subjekte, im dritten Subjekte und zweiten Prädikate, im vierten Subjekte und dritten Prädikate,

*) Man wird leicht einsehen, daß die hier gegebene Aufgabe nicht mehr als 6 Glieder enthält, weil die im zweiten und sechsten Gliede stehenden benannten Zahlen: # Sous und 15 Sous die nämlichen benannten Einheiten besitzen.

**) d. h. das erste, zweite, dritte, vierte, fünfte u. s. w.

im fünften Subjekte und vierten Prädikate u. s. w., und endlich im zweiten und letzten Prädikate kommen beziehlich die nämlichen benannten Einheiten vor.

§. 110.

Hat man eine gegebene Rechnungsaufgabe, nach §. 105. und §. 108., aufgelöst, d. h. das gesuchte Resultat ermittelt, und will man nun untersuchen, ob dasselbe richtig ist (nämlich den in der gegebenen Aufgabe vorkommenden Bedingungen entspricht), so schreibe man den Ansatz noch einmal hin, setze aber in demselben statt der mit dem Zeichen ♯ versehenen benannten Zahl das gefundene Resultat. Nun dividire man die eine Seite des Schema's (auf die in §. 39. und §. 64. angegebene Weise) durch die andere und sehe zu, ob der hierdurch sich ergebende Quotient 1 ist. Ist dies der Fall, so hat man das richtige Resultat der in Rede stehenden Aufgabe gefunden.

Will man z. B. untersuchen, ob das in §. 105. Nr. 19. erhaltene Resultat richtig ist, so ergiebt sich nach der so eben aufgestellten Regel:

10 Arbeiter	1 Graben
2 8 24 Tage	3 6 60 Fuß lang
2 10 Stunden	4 Fuß breit
1 Graben	2 Fuß tief
3 9 81 Fuß lang	3 6 Arbeiter
2 Fuß breit	5 15 Tage
1 Fuß tief	9 Stunden
1	1;

und es ist deshalb das Resultat 6 Arbeiter richtig, weil der bei dieser letztern Division sich ergebende Quotient $\frac{1}{1} = 1$ ist.

Anmerkung 1. In dem hier angegebenen Schema sind die benannten Einheiten völlig überflüssig und können also ohne Weiteres weggelassen werden, wenn man blos die Richtigkeit des gefundenen Resultats zu prüfen beabsichtigt.

Anmerkung 2. Die Richtigkeit einer Rechnungsaufgabe ergiebt sich auch noch daraus, daß man in dem Ansatze an die Stelle der mit dem Zeichen ♯ versehenen benannten Zahl das gefundene Resultat setzt und eine andere benannte Zahl in Frage stellt. Ergiebt sich die letztere Zahl als Resultat, so ist die Aufgabe richtig gelöst.

So setzt man z. B. in dieser Beziehung:

# Arbeiter	1 Graben
4 24 Tage	6 60 Fuß lang
10 Stunden	4 Fuß breit
1 Graben	2 Fuß tief
3 9 81 Fuß lang	2 6 Arbeiter
2 Fuß breit	5 15 Tage
1 Fuß tief	9 Stunden
1	10

Resultat 10 Arbeiter;

und es ist dieserhalb die in §. 105. Nr. 19. enthaltene Aufgabe richtig gelöst.

Anmerkung 3. Man bemerke, daß auf die in Anmerkung 2. angegebene Weise aus einer Aufgabe mehrere neue gebildet werden können.

So gehen z. B. aus der in §. 105. Nr. 19. gegebenen Aufgabe 11 neue hervor, u. s. w.

Anmerkung 4). Man wird leicht einsehen, daß die in vorigem Kapitel gegebenen Aufgaben: eine benannte Zahl höherer Einheiten in eine andere, welche niedrigere Einheiten enthält, und auch umgekehrt, eine benannte Zahl niedriger Einheiten in eine andere, welche höhern Einheiten entspricht, zu verwandeln, durch die in diesem Kapitel gegebenen Regeln gelöst werden können.

Denn soll man z. B. $\frac{2}{3}$ Thaler in Groschen ausdrücken, so erhält man nach der in §. 104. gegebenen Regel:

$\frac{2}{3}$ Thaler	# Groschen
8 24 Groschen	1 Thaler
	3
16	1;

und also 16 Groschen als verlangtes Resultat.

Sollen aber ferner 315 Groschen in Thalern ausgedrückt werden, so erhält man:

105 315 Gr.	# Thaler
1 Thaler	8 24 Gr.
105	8;

und also $13\frac{1}{8}$ Thaler als verlangtes Resultat.

Eben so wird man bemerken, daß die meisten andern Aufgaben vorigen Kapitels nach der in §. 104. gegebenen Regel mit großer Leichtigkeit sich lösen lassen. Denn soll z. B. die mehrfach benannte Zahl 3 Thlr. 5 Gr. 4 Pf. in Thalern ausgedrückt werden, so erhält man:

~~4~~ Pf.	# Gr.
1 Gr.	3 ~~12~~ Pf.
1	3;

also 4 Pf. = $\frac{1}{3}$ Gr.; und deßhalb 5 Gr. 4 Pf. = $5\frac{1}{3}$ Gr.

Nun ist aber noch:

2 ~~16~~ ~~$5\frac{1}{3}$~~ Gr.	# Thlr.
1 Thlr.	3 ~~24~~ Gr.
	3
2	9;

also $5\frac{1}{3}$ Gr. = $\frac{2}{9}$ Thaler; und deßhalb 3 Thlr. 5 Gr. 4 Pf. = $3\frac{2}{9}$ Thaler; u. s. w. — u. s. w. —

Anmerkung 5. Kommen in einer vier- oder mehrgliedrigen Rechnungsaufgabe mehrfach benannte Zahlen vor, so muß man dieselben zuvor in einfach benannte verwandeln, hierauf das zur Auflösung der gegebenen Aufgabe erforderliche Schema anfertigen, und alsdann die im Resultate erhaltene einfach benannte Zahl in eine mehrfach benannte verwandeln.

So würde man z. B. aus der Aufgabe:

Wenn 1 Pfund 2 Loth 1 Quentchen 4 Thaler 6 Gr. 8 Pf. kostet, was gelten alsdann 5 Pfund 4 Loth 2 Quentchen?

zuerst:

5 Pfd. 4 Loth 2 Quentchen = $5\frac{9}{64}$ Pfd.
1 Pfd. 2 Loth 1 Quentchen = $1\frac{9}{128}$ Pfd.
4 Thlr. 6 Gr. 8 Pf. = $4\frac{5}{18}$ Thlr.,

alsdann:

329 ~~$5\frac{9}{64}$~~ Pfund	# Thaler
77 ~~$4\frac{5}{18}$~~ Thaler	137 ~~$1\frac{9}{128}$~~ Pfund
128	64
	18
25333	1233

Resultat $20\frac{673}{1233}$ Thaler,
und endlich:

$20\frac{473}{1233}$ Thlr. = 20 Thlr. 13 Gr. $1\frac{27}{137}$ Pf. erhalten, u. s. w.

Anmerkung 6. Soll man folgende Aufgabe auflösen: Wenn 1 Centner Kaffe 28 Thlr. gilt, wie viel Thaler wird man für 70400 Quentchen zu bezahlen haben: so wird man augenblicklich bemerken, daß die ungleichbenannten Zahlen zuerst in gleichbenannte nach bekannte Lehren zu verwandeln sind, und alsdann das der Aufgabe entsprechende Schema gebildet werden muß.

In gegenw. Aufgabe (so wie in allen ihr ähnlichen), erhält man aber mit großer Leichtigkeit das gesuchte Resultat durch folgenden*) Ansatz:

20 80 640 70400 Quentchen	# Thlr.
1 Loth	4 Quentchen
1 Pfd.	32 Loth 4
1 Centner	110 Pfd.
7 28 Thlr.	1 Centner
140	1,

Resultat 140 Thlr.

Die hier gegebene Verfahrungsart ist auch bei allen ähnlichen Aufgaben beachtenswerth.

Achtes Kapitel.

Von einigen vermischten Rechnungsaufgaben.

§. 111.

Soll man 1) folgende Aufgabe auflösen:

Wenn eine Pfennigsemmel 2 Loth wiegt, indem der Scheffel Weizen 2 Thlr. kostet, wie viel Loth wird eine Pfennigsemmel wiegen müssen, wenn der Scheffel Weizen $1\frac{2}{5}$ Thlr. gilt?

so erhält man:

1 Semmel	1 Pfennig
2 Loth	1 Semmel
2 Thaler	# Loth
1 Pennig.	7 $1\frac{2}{5}$ Thaler
5	
20	7;

und deßhalb $2\frac{6}{7}$ Loth als verlangtes Resultat.

Soll 2) folgende Aufgabe aufgelöst werden:

Wenn 300 Arbeiter in 3 Jahren, das Jahr zu 48 (Arbeits-) Wochen, die Woche zu 5 Tagen und den Tag zu 8 Stunden gerechnet, einen 3000 Fuß langen

---

*) Aus §. 107. sich ergebenden.

800 Fuß breiten und 20 Fuß hohen Wall machen, in wie viel Jahren werden 400 Arbeiter, das Jahr zu 50 Wochen, die Woche zu 6 Tagen und den Tag zu 9 Stunden gerechnet, einen Wall verfertigen, welcher 3800 Fuß lang, 90 Fuß breit und 25 Fuß hoch ist?
so erhält man:

300 Arbeiter	1 Wall
3 Jahre	3000 Fuß lang
6 48 Wochen	800 Fuß breit
5 Tage	20 Fuß hoch
8 Stunden	2 16 80 400 Arbeiter
1 Wall	# Jahre
19 3800 Fuß lang	10 50 Wochen
3 90 Fuß breit	6 Tage
5 25 Fuß hoch	9 Stunden
57	200;

und deshalb $\frac{57}{200}$ Jahr als verlangtes Resultat.

Soll 3) folgende Aufgabe aufgelöst werden:

Wenn Jemand für 2000 Thlr. Waare kauft und 20 % daran gewinnt*), wie viel wird er beim Verkaufe für diese Waaren erhalten?

so ist:

100 Thaler Einkauf	120 Thaler Verkauf**)
# Thaler Verkauf	2000 Thaler Einkauf
1	2400;

und also 2400 Thaler das verlangte Resultat.

Soll man 4) folgende Aufgabe auflösen:

Wenn Jemand eine gewisse Quantität Waare kauft und dieselbe wieder mit 10 % Verlust***) für 1200 Thaler verkauft, wie viel hat er für diese Waare gegeben?

so erhält man:

100 Thaler Einkauf	3 90 Thaler Verkauf
40 1200 Thaler Verkauf	# Thaler Einkauf
4000	3;

und also 1333⅓ Thaler als verlangtes Resultat.

*) d. h. wenn derselbe für jede 100 Thaler, welche er beim Einkaufe ausgegeben, beim Verkaufe 120 Thaler erhält.

**) Weil die Werthe u. s. w. lebloser Dinge das 2te Glied bilden, und hier die benannte Zahl 120 Thaler angiebt, daß 120 Thaler beim Verkaufe so viel, als 100 Thaler beim Einkaufe werth sind.

***) d. h. wenn derselbe für jede 100 Thaler, welche er beim Einkaufe ausgegeben, beim Verkaufe nur 90 Thaler erhält.

Soll 5) folgende Aufgabe aufgelöst werden:

Wie viel Mark Courant zu Hamburg kosten 50 Faß Rosinen, welche Brutto*) 9000 Pfund wogen, wenn 10 % Tara**) gerechnet werden sollen, und 100 Pfund Netto***) 10 Mark Courant gelten? so ergiebt sich:

9000	Pfund Brutto	#	Mark Courant
90	Pfund Netto	100	Pfund Brutto
10	Mark Courant	100	Pfund Netto
810		1	

und deshalb 810 Mark Courant als verlangtes Resultat.

Soll man 6) folgende Aufgabe auflösen:

Wenn Jemand eine Handschrift, welche 500 Thaler beträgt und nach einem Jahre zu bezahlen ist, mit 6 % Rabatt (oder Abzug) †) kauft, wie viel wird er sogleich dafür zahlen müssen? so erhält man:

250 500	Thlr. über 1 Jahr	#	Thlr. baar
100	Thlr. baar	53 106	Thlr. über ein Jahr
25000		53;	

und also $471\frac{37}{53}$ Thaler als verlangtes Resultat.

Wenn 7) folgende Aufgabe aufgelöst werden soll:

Wie viel Mark Courant kosten 6 Fässer Corinthen, welche Brutto 12015 Pfund wogen, wenn 1 % Gutgewicht††) 14 % Tara gerechnet werden, und 100 Pfund Netto 10 Mark mit 8 % Rabatt gelten? so erhält man:

89 267 2403 12015	Pfund Brutto	#	Mark Courant
99	Pfund pr. Gutgew.	100	Pfd. Brutto
43 86	Pfd. Netto	2 100	Pfd. pr. Tara
10	Courant	100	Pfd. Netto
100	Mrk. Cour. pr. Rab.	4 12 108	Mark Cour.
378873		400;	

und deshalb 947 $\frac{73}{400}$ Mark Courant als verlangtes Resultat.

---

*) d. h. mit den Behältnissen.

**) d. h. wenn man für 100 Pfund Brutto (oder auch für 100 Pfund nach Abzug des etwa vorhandenen Gutgewichts) nur 90 Pfund erhält.

***) d. h. 100 Pfd. nach Abzug des Tara und des etwa vorhandenen Gutgew.

†) d. h. wenn er für 105 Thaler Capital nach einem Jahre sogleich 100 Thaler bezahlt.

††) d. h. wenn man für 100 Pfund Brutto nur 99 Pfund erhält.

Neuntes Kapitel.

Von der zusammengesetzten Zins- und Zeitrechnung.

§. 112.

Soll man die Summe der Zinsen angeben, welche **200** Thlr. in **5** Jahren, **215** Thlr. in **4** Jahren, und **111** Thlr. in **2** Jahren zu **3** % abwerfen; so multiplicire man die unbenannten Zahlen, welche in den Kapitalien und in den ihnen entsprechenden Zeiten vorkommen, mit einander, addire die so entstandenen Produkte, multiplicire ihre Summen mit der Zahl der Procente, dividire letzteres Produkt durch **100***) und hänge dem hierdurch erhaltenen Quotienten die den Kapitalien entsprechende benannte Einheit an.

Es ergiebt sich alsdann:

$$\begin{array}{rr} 200 \cdot 5 = & 1000 \\ 215 \cdot 4 = & 860 \\ 111 \cdot 2 = & 222 \\ \hline \text{Summe} & 2082 \\ \text{multiplicirt mit} & 3 \\ \hline & 6246 \\ \text{dividirt durch} & 100. \\ \hline \text{Quotient} & 62\frac{23}{50} \\ \hline \text{Resultat} & 62\frac{23}{50} \text{ Thlr. Zins.} \end{array}$$

§. 113.

Wenn die Summe der Zinsen angegeben werden soll, welche **215** Thlr. zu **3** %, **300** Thlr. zu **4** % und **400** Thlr. zu **5** % in **2** Jahren abwerfen; so multiplicire man die unbenannten Zahlen, welche in den Kapitalien und in den ihnen zugehörigen Procenten vorkommen, mit einander, addire die so entstandenen Produkte, multiplicire ihre Summe mit der Zahl der Jahre, dividire letzteres Produkt durch **100****) und hänge dem hierdurch erhaltenen Quotienten die den Kapitalien entsprechende benannte Einheit an.

---

*) und wenn Monate vorkommen, durch **1200**.

) und wenn Monate vorkommen, durch **1200.

Man erhält alsdann:

$$\begin{array}{rr} 215 \,.\, 3 = & 645 \\ 300 \,.\, 4 = & 1200 \\ 400 \,.\, 5 = & 2000 \\ \hline \text{Summe} & 3845 \\ \text{multiplicirt mit} & 2 \\ \hline \text{Produkt} & 7690 \\ \text{dividirt durch} & 100 \\ \hline \text{Quotient} & 76\frac{9}{10} \\ \hline \text{Resultat} & 76\frac{9}{10} \text{ Thlr Zins.} \end{array}$$

§. 114.

Soll man die Summe der Zinsen angeben, welche 200 Thaler in 5 Jahren zu 4 %, 115 Thaler in 2 Jahren zu 3 % und 300 Thaler in 4 Jahren zu 2 % abwerfen; so multiplicire man die unbenannten Zahlen, welche in den Kapitalien und in den ihnen entsprechenden Zeiten und Procenten vorkommen, mit einander, addire die so entstandenen Produkte, dividire ihre Summe durch 100 *) und hänge dem hierdurch entstandenen Quotienten die den Kapitalien zugehörige benannte Einheit an.

Es ergiebt sich alsdann:

$$\begin{array}{rr} 200 \,.\, 5 \,.\, 4 = & 4000 \\ 115 \,.\, 2 \,.\, 3 = & 690 \\ 300 \,.\, 4 \,.\, 2 = & 2400 \\ \hline \text{Summe} & 7090 \\ \text{dividirt durch} & 100 \\ \hline \text{Quotient} & 70\frac{9}{10} \\ \hline \text{Resultat} & 70\frac{9}{10} \text{ Thlr. Zins.} \end{array}$$

§. 115.

Wenn Jemand 601 Thlr. in 3 Monaten, 500 Thaler in 4 Monaten, 155 Thaler in 2 Monaten zu bezahlen hat, zu welcher Zeit muß er sämmtliche Posten auf einmal abtragen, damit dies weder ihm noch seinem Gläubiger Nachtheil bringe?

Auflösung. Man multiplicire die unbenannten Zahlen, welche in den Kapitalien und in den ihnen entsprechenden Zeiten vorkommen, mit einander, addire die hierdurch entstandenen Produkte, dividire ihre Summe durch die Summe der in den Kapitalien vorkommenden unbenannten Zahlen und hänge dem hierdurch erhaltenen Quotienten die den Zeiten zugehörige benannte Einheit an.

*) und wenn Monate vorkommen, durch 1200.

Es ergiebt sich demzufolge:

	601 . 3 =	1803
	500 . 4 =	2000
	155 . 2 =	310
Summe	1256 Sum.	4113
	dividirt durch	1256
	Quotient	$3\frac{345}{1256}$
	Resultat	$3\frac{345}{1256}$ Monat

§. 116.

Wenn Jemand **301** Thlr. zu **2** % in **3** Monaten, **400** Thlr. zu **3** % in **5** Monaten, **300** Thlr. zu **5** % in **6** Monaten zu bezahlen hat, zu welcher Zeit muß er sämmtliche Kapitalien nebst Zinsen auf einmal erlegen, damit weder ihm, noch seinem Gläubiger Nachtheil daraus erwachse.

Auflösung. Man multiplicire die unbenannten Zahlen, welche in den Kapitalien und in den ihnen entsprechenden Procenten vorkommen, mit einander und addire die hierdurch entstandenen Produkte. Nun multiplicire man die unbenannten Zahlen, welche in den Kapitalien und in den ihnen zugehörigen Procenten und Zeiten enthalten sind, ebenfalls mit einander, addire die hierdurch erhaltenen Produkte, dividire die zuletzt entstandene Summe durch die zuerst erhaltene, und hänge dem hierdurch entstandenen Quotienten die den Zeiten entsprechende benannte Einheit an.

Es ergiebt sich alsdann:

301 . 2 . 3 =	602 . 3 =	1806
400 . 3 . 5 =	1200 . 5 =	6000
300 . 5 . 6 =	1500 . 6 =	9000
Summe	3302 Sum.	16806
	dividirt durch	3302
	Quotient	$5\frac{148}{1651}$
	Resultat	$5\frac{148}{1651}$ Monat.

§. 117.

Wenn Jemand **200** Thlr. zu **4** %, **300** Thlr. zu **2** % und **400** Thlr. zu **5** % bezahlen soll, wie viel wird hiervon der mittlere Zinsfuß sein?

Auflösung. Man multiplicire die unbenannten Zahlen, welche in den Kapitalien und in den ihnen entsprechenden Procenten vorkommen, mit einander, addire die hierdurch entstandenen Produkte, dividire ihre Summe durch die Summe der in den Kapitalien vorkommenden unbenannten Zahlen und hänge dem hierdurch erhaltenen Quotienten die den Procenten zugehörige benannte Einheit an.

Man erhält alsdann:

$$\begin{array}{rcl} 200 \cdot 4 &=& 800 \\ 300 \cdot 2 &=& 600 \\ 400 \cdot 5 &=& 2000 \\ \hline \text{Summe } 900 & \text{Sum.} & 3400 \\ & \text{dividirt durch} & 900 \\ \hline & \text{Quotient} & 3\frac{7}{9} \\ \hline & \text{Resultat} & 3\frac{7}{9}\ \% \end{array}$$

§. 118.

Wenn Jemand **200** Thaler zu **5** % in **3** Monaten, **100** Thaler zu **4** % in **5** Monaten und **300** Thaler zu **3** % in **4** Monaten zu bezahlen hat, welches wird hiervon der mittlere Zinsfuß und der mittlere Zahlungstermin sein?

Auflösung. Es ergiebt sich nach vorigen Paragraphen:

$$\begin{array}{rcl} 200 \cdot 5 \cdot 3 = 1000 \cdot 3 &=& 3000 \\ 100 \cdot 4 \cdot 5 = 400 \cdot 5 &=& 2000 \\ 300 \cdot 3 \cdot 4 = 900 \cdot 4 &=& 3600 \\ \hline \text{Summe } 600 \quad \text{Summe } 2300 & \text{Summe} & 8600 \\ \text{dividirt durch } 600 & \text{div. d.} & 2300 \\ \hline \text{Quotient } 3\frac{5}{6} & \text{Quot.} & 3\frac{17}{23} \\ \hline \text{Resultat } 3\frac{5}{6}\ \% & \text{Res.} & 3\frac{17}{23} \text{ Monat.} \end{array}$$

§. 119.

Man sagt: ein Kapital sei zu Zinseszinsen oder zu zusammengesetzten Zinsen ausgeliehen, wenn die Zinsen dieses Kapitals nicht zu Ende eines jeden Jahres entrichtet, sondern jedesmal zu dem Kapital geschlagen und aufs Neue mit verzinset werden.

§. 120.

Wie viel Zinseszins werfen **6000** Thaler zu **5** % in vier Jahren ab?

Auflösung. Es ergiebt sich aus §. 107.:

3	6000	Thlr. Kap.		#	Thlr. Kap. u. Zinseszins am Ende des viert. Jahr.
21	105	Thlr. Kap. u. Zins am Ende des ersten Jahres	20	100	Thlr. Kap.
21	105	Thlr Kap. u. Zinseszins am Ende des zweit. Jahr.	20	100	Thlr. Kap. und Zins am Ende des ersten Jahres
21	105	Thlr. Kap. u. Zinseszins am Ende des dritt. Jahr.	20	100	Thlr. Cap. u. Zinseszins am Ende des zweit. Jahres
21	105	Thlr. Cap. u. Zinseszins am Ende des viert. Jahr.	20	100	Thlr. Cap. u. Zinseszins am Ende des dritt. Jahres

583443   80;

also $7293\frac{3}{80}$ Thlr. als Kapital und Zinseszins am Ende des vierten Jahres, und deshalb $1293\frac{3}{80}$ Thlr. als verlangter Zinseszins.

Zehntes Kapitel.

Von der Gesellschaftsrechnung.

§. 121.

Wenn drei Personen ein Handelsgeschäft gemeinschaftlich betreiben, so daß **A. 300** Thaler, **B. 500** Thaler und **C. 700** Thaler zu demselben hergiebt, und diese **3** Personen nach Verlauf einer gewissen Zeit **6000** Thaler gewinnen, wie viel wird alsdann ein Jeder vom Gewinne erhalten?

Auflösung. Man addire die Kapitalien und wende alsdann die in §. 104. aufgestellte Regel an. Es ergiebt sich hierdurch:

A. 300 Thlr. — 1500 Thlr. Einlage 4 6000 Thlr. Gewinn
B. 500 Thlr. — # Thlr. Gewinn 300 Einlage
C. 700 Thlr. — 1200 Thlr. Gewinn des A.
Summa 1500 Thlr.

1500 thlr. Einl. 4 6000 thlr. Gw. — # thlr. Gw. 500 thlr. Einl. — 2000 thlr. Gewinn des B.

1500 thlr. Einl. 4 6000 thlr. Gw. — # thlr. Gw. 700 thlr. Einl. — 2800 thlr. Gewinn des C.

§. 122.

Wenn drei Personen ein Kapital von **3000** Thalern so unter sich theilen sollen, daß **A. 2** Theile, **B. 3** Theile und **C. 5** Theile davon erhalte, wie viel wird alsdann ein Jeder davon bekommen?

Auflösung. Man erhält nach vorigem Paragraphen:

A. 2 Theile — 10 Theile 3000 Thlr.
B. 3 Theile — # Theile 2 Theile
C. 5 Theile — 600 Thlr. als Antheil des A.
Summe 10 Theile

Auf dieselbe Weise bekommt B. 900 Thlr. und C. 1500 Thlr. Kapital.

§. 123.

Wenn drei Kaufleute sich zu einem Handelsgeschäfte so vereinigen, daß **A. 115** Thaler, **B. 216** Thaler und **C. 413** Thaler zu demselben hergiebt, **A.** aber sein Geld **3** Monate, **B. 4** Monate und C. 5 Monate in der Handlung stehen läßt, wie viel wird alsdann ein Jeder erhalten, wenn sie in Allem 9822 Thaler gewinnen?

Auflösung. Man multiplicire die Kapitalien mit den unbenannten Zahlen, welche in den ihnen entsprechenden Zeiten vorkommen, addire die einzelnen Produkte und verfahre hierauf wie in §. 121.

Es ergiebt sich alsdann:

A. 115 Thlr. . 3 = 345 Thlr.
B. 216 Thlr. . 4 = 864 Thlr.
C. 413 Thlr. . 5 = 2065 Thlr.
Summe 3274 Thlr.

3274 Thlr. 3 9822 Thlr.
Thlr. 345 Thlr.
1035 Thlr. als Gew. des A.

3274 Thlr. 3 9822 Thlr.
Thlr. 864 Thlr.
2592 Thlr. als Gewinn des B.,

und auf dieselbe Weise 6195 Thlr. als Gewinn des C.

§. 124.

Wenn drei Personen ein Handelsgeschäft gemeinschaftlich betreiben, so daß A. 114 Thlr. zu 2 %, B. 213 Thlr. zu 3 %, C. 415 Thlr. zu 4 % zu demselben hergiebt, und diese 3 Personen nach Verlauf einer gewissen Zeit 12635 Thaler gewinnen, wie viel wird Jeder vom Gewinne erhalten?

Auflösung. Man multiplicire die Kapitalien mit den unbenannten Zahlen, welche in den ihnen zugehörigen Procenten vorkommen, addire die einzelnen Produkte und verfahre hierauf wie in §. 121.

Es ergiebt sich alsdann:

A. 114 Thlr. . 2 = 228 Thlr.
B. 213 Thlr. . 3 = 639 Thlr.
C. 415 Thlr. . 4 = 1660 Thlr.
Summe 2527 Thlr.

2527 Thlr. 5 12635 Thlr.
Thlr. 228 Thlr.
1140 Thlr. als Gew. des A.

Ebenso erhält man 3195 Thlr. als Gewinn des B. und 8300 Thlr. als Gewinn des C.

§. 125.

Wenn drei Kaufleute sich zu einem Handelsgeschäfte dergestalt vereinigen, daß A. 112 Thlr. zu 3 %, B. 115 Thlr. zu 4 %, C. 117 Thlr. zu 5 % zu demselben hergiebt, A. aber sein Geld 4 Jahre, B. 5 Jahre, C. 7 Jahre in der Handlung stehen läßt, und diese drei Personen in Allem 15478 Thlr. gewinnen, wie viel wird alsdann ein Jeder vom Gewinne bekommen?

Auflösung. Man multiplicire die Kapitalien mit den unbenannten Zahlen, welche in den ihnen entsprechenden Procenten und

Zeiten vorkommen, addire die einzelnen Produkte und verfahre hierauf wie in §. 121.

Es ergiebt sich alsdann:

A. 112 Thlr. 3 . 4 = 336 Thlr. . 4 = 1344 Thlr.
B. 115 Thlr. 4 . 5 = 460 Thlr. . 5 = 2300 Thlr.
C. 117 Thlr. 5 . 7 = 585 Thlr. . 7 = 4095 Thlr.
Summe 7739 Thlr.

7739 Thlr. 2 13478 Thlr. Gew.
Thlr. Gew. 1344 Thlr.

2688 Thlr. als Gewinn des A.

Ebenso ergiebt sich 4600 Thlr. als Gewinn des B. und 8190 Thlr. als Gewinn des C.

Elftes Kapitel.

Von der Mischungsrechnung.

§. 126.

Wenn drei Sorten Wein, wovon ein Quart der ersten Sorte 22 Groschen, eins der zweiten 18 Groschen und eins der dritten 16 Groschen gilt, mit einander vermischt werden sollen, wie viel wird alsdann 1 Quart der Mischung kosten?

Auflösung. Man addire die Preise der einzelnen Sorten zu einander und dividire ihre Summe durch die Anzahl der Sorten.

Es ergiebt sich alsdann:

22 Gr.
18 Gr.
16 Gr.
Summe 56 Gr.
dividirt durch 3
Resultat $18\frac{2}{3}$

§. 127.

Wenn 18 Mark 16karatigen mit 14 Mark 12karatigen Goldes*) versetzt werden sollen, wie viel karatig wird alsdann die hierdurch entstandene Masse sein müssen?

*) Man lese die Tabelle No. XXIX.

Auflösung. Man multiplicire die unbenannten Zahlen, welche in den Marken und den ihnen entsprechenden Karaten vorkommen, mit einander, addire die so entstandenen Produkte, dividire ihre Summe durch die Summe der in den Marken vorkommenden unbenannten Zahlen und hänge dem hierdurch erhaltenen Quotienten die benannte Einheit Karat an.

Es ergiebt sich alsdann:

	18 . 16 =	288
	14 . 12 =	168
Summe	32	456
	dividirt durch	32
	Quotient	$14\frac{1}{4}$
	Resultat	$14\frac{1}{4}$ karatig.

§. 128.

Wenn zwei Sorten Wein, wovon ein Quart der ersten Sorte 16 Groschen und eins der zweiten 11 Groschen gilt, so mit einander vermischt werden sollen, daß die hierdurch entstandene Mischung 60 Quart enthält, wovon aber das Quart nur 14 Groschen kostet, wie viel Quart wird man von jeder Sorte dazu nehmen?

Auflösung. Es ergiebt sich:

16 > 14 < 3 Theile
11   2 Theile
Summe 5 Theile,

indem man nämlich 11 von 14 und 14 von 16 subtrahirt, die zuerst erhaltene Differenz 3 hinter 16, die zuletzt entstandene 2 hinter 11 setzt, beiden Differenzen die benannte Einheit Theil anhängt und die so entstandenen benannten Zahlen addirt. Nun ist aber nach §. 121.

1) { 5 Theile 12 60 Quart / # Quart 3 Theile } = 36 Quart, 2) { 5 Theile 12 60 Quart / # Quart 2 Theile } = 24 Quart;

und es werden deshalb 36 Quart von der ersten und 24 Quart von der zweiten Sorte zu der in Rede stehenden Mischung genommen.

§. 129.

Wenn ein Goldarbeiter 16 karatiges Gold dergestalt mit Silber versetzen soll, daß aus der Mischung 32 Mark 14 karatigen Goldes entstehen, wie viel Mark sind von jeder Sorte dazu nöthig?

Auflösung. Man erhält nach vorigem Paragraphen:

16 > 14 < 14 Theile
0   2 Theile
Summe 16 Theile

$$1)\left\{\begin{array}{ll}16\text{ Theile} & 2\ 32\text{ Mark}\\ \#\text{ Mark} & 14\text{ Theile}\end{array}\right\}, \quad 2)\left\{\begin{array}{ll}16\text{ Theile} & 2\ 32\text{ Mark}\\ \#\text{ Mark} & 2\text{ Theile}\end{array}\right\};$$
$$28\text{ Mark} \qquad\qquad 4\text{ Mark}$$

und es werden deshalb 28 Mark 16 karatigen Goldes und 4 Mark Silber zu der in Rede stehenden Mischung genommen.

§. 130.

Wenn fünf Sorten Wein, wovon ein Quart der ersten Sorte 21 Groschen, eins der zweiten 18 Groschen, eins der dritten 14 Groschen, eins der vierten 12 Groschen und eins der fünften 8 Groschen gilt, so mit einander vermischt werden sollen, daß 99 Quart entstehen, wovon das Quart 10 Groschen kostet, wie viel Quart sind von jeder Sorte dazu erforderlich?

Auflösung. Man erhält:

$$\left\{\begin{array}{ll}21 & 2\text{ Theile}\\ 18 & 2\text{ Theile}\\ 14 & 2\text{ Theile}\\ 12 & 2\text{ Theile}\\ \quad 10 & \\ 8 & (2+4+8+11)\text{ Theile}\end{array}\right\} \text{ oder } \left\{\begin{array}{ll}21 & 2\text{ Theile}\\ 18 & 2\text{ Theile}\\ 14 & 2\text{ Theile}\\ 12 & 2\text{ Theile}\\ \quad 10 & \\ 8 & 25\text{ Theile}\end{array}\right\}$$
$$33\text{ Theile},$$

indem man nämlich die Zahlen 21, 18, 14, 12 und 8 unter einander schreibt, zwischen 12 und 8, jedoch etwas zur Rechten, die Zahl 10 setzt, 8 von 10 subtrahirt, den erhaltenen Rest 2 hinter 12, denselben auch hinter 14, 18 und 21 stellt, alsdann 10 von 12, 10 von 14, 10 von 18 und 10 von 21 subtrahirt, die hierdurch entstandenen Reste als Summanden hinter 8 schreibt, die Summe aller mit der benannten Einheit Theil versehenen Reste ermittelt, und nun folgendermaßen verfährt:

$$1)\left\{\begin{array}{ll}33\text{ Theile} & 3\ 99\text{ Quart}\\ \#\text{ Quart} & 2\text{ Theile}\end{array}\right\}, \quad 2)\left\{\begin{array}{ll}33\text{ Theile} & 3\ 99\text{ Quart}\\ \#\text{ Quart} & 25\text{ Theile}\end{array}\right\};$$
$$6\text{ Quart} \qquad\qquad 75\text{ Quart.}$$

Aus den in dieser Auflösung vorkommenden Ansätzen und Berechnungen ergiebt sich aber, daß 6 Quart von der ersten, 6 Quart von der zweiten, 6 Quart von der dritten, 6 Quart von der vierten und 75 Quart von der fünften Sorte zu der in Rede stehenden Mischung gehören.

Anmerkung. Man bemerke, daß, um die Mittelsorte stets in der Mitte zu haben, das in gegenwärtigem Paragraphen befindliche Schema auch folgendermaßen dargestellt werden kann:

21	2 Theile
18	2 Theile
14	2 Theile
12	2 Theile
10	
8	2 ⎫
8	4 ⎬ 25 Theile
8	8 ⎪
8	11 ⎭
Summe	33 Theile.

§. 131.

Wenn 14=, 13=, 12=, 9=, 8= und 7löthiges Silber so mit Kupfer versetzt werden soll, daß 58 Mark 10löthigen Silbers entstehen, wie viel hat man von jeder Sorte dazu nöthig?

Auflösung. Es ergiebt sich wie im vorigen Paragraphen:

14	(3 + 10) Theile
13	2 Theile
12	1 Theil
10	
9	2 Theile
8	3 Theile
7	4 Theile
0	4 Theile
Summe	29 Theile

1) { 29 Theile 2 58 Mark / # Mark 13 Theile } = 26 Mark, 2) { 29 Theile 2 58 Mark / # Mark 2 Theile } = 4 Mark, u. s. w.

Ebenso erhält man 2 Mark von der dritten, 4 Mark von der vierten, 6 Mark von der fünften, 8 Mark von der sechsten und 8 Mark von der siebenten Sorte, und es folgt hieraus, daß zu der in Rede stehenden Masse 26 Mark 14löthigen, 4 Mark 13löthigen, 2 Mark 12löthigen, 4 Mark 9löthigen, 6 Mark 8löthigen, 8 Mark 7löthigen Silbers und 8 Mark Kupfer gehören.

Anmerkung. Die zu §. 1. — 131. gehörigen Erläuterungen und Beweise befinden sich der Rechenkunst von Dr. J. Götz, welche 1841 in der dritten Auflage bei G. Reimer in Berlin erschien.

I.

Uebungsbeispiele zum ersten Kapitel.

1) Man soll die Zahlen: 37, 56, 98, 214, 296, 345, 982, 7000, 8972, 22517, 85425, 93716, 125976, 245860, 368275, 3687301, 24700001, 393768375, 1234567897627, u. s. w., in Worten ausdrücken.

2) Es sollen die in Worten ausgedrückten Zahlen: vier und dreißig, sechs und neunzig, sieben und achtzig, neun und neunzig, drei Hundert vier, fünf Hundert sechs und neunzig, acht Hundert neun und neunzig, neun Hundert vier und achtzig, neun Hundert neun und neunzig, drei Tausend vier Hundert funfzehn, acht Tausend neun Hundert drei und siebzig, zehn Tausend neun Hundert drei und neunzig, funfzehn Tausend drei Hundert vierzehn, achtzehn Tausend sieben Hundert neun und zwanzig, fünf und dreißig Tausend vier Hundert fünf und dreißig, drei Hundert sechszehn Tausend vier Hundert drei und zwanzig, zwei Millionen vier Hundert fünf Tausend fünf Hundert zwei und dreißig, drei Hundert fünf und zwanzig Millionen sechs Hundert sieben und achtzig Tausend neun Hundert sieben und vierzig, sechs Tausend acht Hundert sieben und dreißig Millionen sieben Hundert Tausend acht Hundert sieben und dreißig, sieben Billionen acht Hundert sieben und dreißig Millionen sieben Hundert sechs und zwanzig, u. s. w., in Ziffern dargestellt werden.

Resultate dieser Uebungsbeispiele.

1) Sieben und dreißig, sechs und funfzig, acht und neunzig, zwei Hundert vierzehn, zwei Hundert sechs und neunzig, drei Hundert fünf und vierzig, neun Hundert zwei und achtzig, sieben Tausend, acht Tausend neun Hundert zwei und siebzig, zwei und zwanzig Tausend fünf Hundert siebzehn, fünf und achtzig Tausend vier Hundert fünf und zwanzig, drei und neunzig Tausend sieben Hundert sechszehn, ein Hundert fünf und zwanzig Tausend neun Hundert sechs und siebzig, zwei Hundert fünf und vierzig Tausend acht Hundert sechszig, drei Hundert acht und sechszig Tausend zwei Hundert fünf und siebzig, drei Millionen sechs Hundert sieben und achtzig Tausend drei Hundert eins, vier und zwanzig Millionen sieben Hundert Tau-

send eins, drei Hundert drei und neunzig Millionen sieben Hundert acht und sechszig Tausend drei Hundert fünf und siebzig, eine Billion zwei Hundert vier und dreißig Tausend fünf Hundert sieben und sechszig Millionen acht Hundert sieben und neunzig Tausend sechs Hundert sieben und zwanzig, u. s. w.

2) 34, 96, 87, 99, 304, 596, 899, 984, 999, 3415, 8973, 10993, 15314, 18729, 35435, 316423, 2405532, 325687947, 6837700837, 7000837000726, u. s. w.

II.

Uebungsbeispiele zum zweiten Kapitel.

a) Zur Addition.

1)	Man soll die Zahlen	36 und 26	addiren.*)
2)	= = = =	55 und 87	=
3)	= = = =	42 und 35	=
4)	= = = =	96 und 42	=
5)	= = = =	136 und 325	=
6)	= = = =	587 und 952	=
7)	= = = =	3245 und 3176	=
8)	= = = =	7815 und 9132	=
9)	= = = =	1234 und 9209	=
10)	= = = =	3296 und 3187	=
11)	= = = =	21576 und 22813	=
12)	= = = =	913267 und 3125679	=
13)	= = = =	27, 26, 25, 19 und 16	=
14)	= = = =	335, 446, 539, 729, 813 und 415	=
15)	= = = =	2387, 45001, 63210 und 321	=
16)	= = = =	245683, 456782, und 561134	=
17)	= = = =	32456, 36, 38932, 17, 345, 78932 und 35	=
18)	= = = =	1020304, 506070, 80901, 2030, 405, 60 und 7	=
19)	= = = =	8, 90, 102, 3040, 50607, 809010 und 2030405	=
20)	= = = =	12006402, 560004, 7812, 90, 1230456, 52008, 902 und 6	=

*) Man bemerke, daß die in II. — X. vorkommenden leichtern Exempel ohne Tafel gelöst werden können.

21) Man soll die Zahlen 9, 308, 15007, 2300400, 16, 3420, 607025 und 13508206 addiren.
22) = = = = 1234567, 80008, 901, 2, 34, 5006, 700809 und 3 =
23) = = = = 1, 23, 456, 7890, 12345, 678901, 23456, 7890, 123, 45 und 6 =
24) = = = = 7000, 9001, 23, 501, 7009, 210075 =
25) = = = = 6, 51, 999, 3007, 301, 6000931, 37 =

b) Zur Subtraktion.

26)	Man	soll	von	der	Zahl	95	die	Zahl	36	subtrahiren.	
27)	=	=	=	=	=	372	=	=	216	=	=
28)	=	=	=	=	=	13872	=	=	2931	=	=
29)	=	=	=	=	=	300578	=	=	149999	=	=
30)	=	=	=	=	=	456321	=	=	39988	=	=
31)	=	=	=	=	=	57863	=	=	2391	=	=
32)	=	=	=	=	=	25763	=	=	1111	=	=
33)	=	=	=	=	=	83725	=	=	3767	=	=
34)	=	=	=	=	=	500008	=	=	499887	=	=
35)	=	=	=	=	=	3927540003	=	=	2151345763	=	=
36)	=	=	=	=	=	20340506	=	=	12196917	=	=
37)	=	=	=	=	=	500184005	=	=	123456780	=	=
38)	=	=	=	=	=	987263	=	=	20999	=	=
39)	=	=	=	=	=	10200456	=	=	7123007	=	=
40)	=	=	=	=	=	123004500	=	=	84123702	=	=
41)	=	=	=	=	=	16000234	=	=	9120345	=	=
42)	=	=	=	=	=	302010405	=	=	103246579	=	=
43)	=	=	=	=	=	108002	=	=	9231	=	=
44)	=	=	=	=	=	900009	=	=	73261	=	=
45)	=	=	=	=	=	210932	=	=	7312	=	=
46)	=	=	=	=	=	125312	=	=	97218	=	=
47)	=	=	=	=	=	382925	=	=	300015	=	=
48)	=	=	=	=	=	93927018	=	=	2150039	=	=
49)	=	=	=	=	=	973900008	=	=	27008973	=	=
50)	=	=	=	=	=	123879536	=	=	28700899	=	=

c) Zur Multiplikation.

51)	Es	soll	die	Zahl	8357	mit	6	multiplicirt	werden.	
52)	=	=	=	=	318952	=	9	=	=	=
53)	=	=	=	=	85	=	76	=	=	=
54)	=	=	=	=	3224	=	321	=	=	=
55)	=	=	=	=	567826	=	53214	=	=	=
56)	=	=	=	=	8763211	=	456732	=	=	=
57)	=	=	=	=	45682	=	30004	=	=	=
58)	=	=	=	=	3004	=	204	=	=	=

59) Es soll die Zahl 56789 mit 4521 multiplicirt werden.
60) = = = = 32144 = 10000 = = =
61) = = = = 5367 = 1300 = = =
62) = = = = 2013500 = 2300450 = = =
63) = = = = 5012340 = 903800 = = =
64) = = = = 5010300 = 8706500 = = =
65) = = = = 3040506 = 1203900 = = =
66) = = = = 3496020 = 2030405 = = =
67) Es sollen die Zahlen 36, 25, 14, 13 mit einander multiplicirt werden.
68) = = = = 216, 345, 46 = = = = =
69) = = = = 4156, 231, 16, 8 = = = = =
70) = = = = 324, 211, 35 = = = = =
71) = = = = 115, 11, 3 = = = = =
72) = = = = 304, 201, 11, 5 = = = = =
73) = = = = 3004, 2005, 1001 = = = = =
74) = = = = 788, 612, 538, 215 = = = = =
75) = = = = 1156, 832, 762 511, 76, 36, 11, 6 = = = = =

d) Zur Division.

76) Es soll die Zahl 2176 durch 34 dividirt werden.
77) = = = = 12376 = 364 = =
78) = = = = 102125272 = 508 = =
79) = = = = 1990009 = 203 = =
80) = = = = 2946815856 = 3004 = =
81) = = = = 81944718845 = 40905 = =
82) = = = = 48234681 = 13000 = =
83) = = = = 90823401 = 7500 = =
84) = = = = 582244901 = 2401 = =
85) = = = = 1268328 = 344 = =
86) = = = = 375500 = 3004 = =
87) = = = = 36789000 = 1000 = =
88) = = = = 24680000 = 20000 = =
89) = = = = 94464 = 576 = =
90) = = = = 356758765 = 1111 = =
91) = = = = 2456767 = 3215 = =
92) = = = = 3768325 = 456 = =
93) = = = = 256783 = 22 = =
94) = = = = 45681 = 12 = =
95) = = = = 382567 = 357 = =
96) = = = = 45683245 = 25678 = =
97) = = = = 2568321 = 14556 = =
98) = = = = 345660005 = 245683 = =
99) = = = = 300400568001 = 4560053 = =
100) = = = = 468732500045 = 3200053 = =

Resultate dieser Uebungsbeispiele.

a) Zur Addition.

1) 62, 2) 142, 3) 77, 4) 138, 5) 461, 6) 1539, 7) 6421, 8) 16947, 9) 10443, 10) 6483, 11) 44389, 12) 4038946, 13) 113, 14) 3277, 15) 110919, 16) 1263599, 17) 150753, 18) 1609777, 19) 2893262, 20) 13857680, 21) 16434391, 22) 2021330, 23) 731136, 24) 233609, 25) 6005332.

b) Zur Subtraktion.

26) 59, 27) 156, 28) 10959, 29) 150579, 30) 416333, 31) 55472, 32) 24652, 33) 79958, 34) 121, 35) 1776194240, 36) 8143589, 37) 376727225, 38) 966264, 39) 3077449, 40) 38880798, 41) 6879889, 42) 198763826, 43) 98771, 44) 826748, 45) 203620, 46) 28094, 47) 82910, 48) 91776979, 49) 946891035, 50) 95178637.

c) Zur Multiplikation.

51) 50142, 52) 2870568, 53) 6460, 54) 1034904, 55) 30216292764, 56) 4002438886452, 57) 1370642728, 58) 612816 59) 245385269, 60) 321440000, 61) 6977100, 62) 4631956075000, 63) 4530152892000, 64) 43622176950000, 65) 3660465173400, 66) 7098386488100, 67) 163800, 68) 3427920, 69) 122884608, 70) 2392740, 71) 3795, 72) 3360720, 73) 6029043020, 74) 55428601320, 75) 676265282456253̇44.

d) Zur Division.

76) 64, 77) 84, 78) 201034, 79) 9808, 80) 980964, 81) 780949, 82) 3710 Quotient und 4681 Rest, 83) 12109 Quotient und 5901 Rest, 84) 242501, 85) 3687, 86) 125, 87) 36789, 88) 1234, 89) 164, 90) 321115, 91) 764 Quotient und 507 Rest, 92) 8263 Quotient und 397 Rest, 93) 11671 Quotient und 21 Rest, 94) 3806 Quotient und 9 Rest, 95) 1071 Quotient und 220 Rest, 96) 1779 Quotient und 2083 Rest, 97) 176 Quotient und 6465 Rest, 98) 1406 Quotient und 229707 Rest, 99) 65876 Quotient und 2516573 Rest, 100) 146476 Quotient und 1536817 Rest.

III.

Uebungsbeispiele zum dritten Kapitel.

1) Durch welche der Zahlen (2, 3, 4, 5, 6, 8, 9 u. 11) ist 336 theilbar?

2) Durch welche der Zahlen (2, 3, 4, 5, 6, 8, 9 u. 11) ist 1024 theilbar?
3) = = = = = = = = 22248 =
4) = = = = = = = = 1132410 =
5) = = = = = = = = 43335 =
6) = = = = = = = = 384 =
7) = = = = = = = = 1452 =
8) = = = = = = = = 2160 =
9) = = = = = = = = 4086 =
10) = = = = = = = = 163576 =
11) = = = = = = = = 2957682 =
12) = = = = = = = = 15328456 =
13) = = = = = = = = 231054362 =

Es soll das Produkt

14)	15 . 8 . 27 . 36 . 48 . 16	durch 2 . 3 . 16 . 5 . 4	dividirt werden.
15)	136 . 216 . 338 . 18 . 9 . 25	= 8 . 18 . 26 . 13	
16)	25 . 16 . 23 . 125 . 17	= 5 . 8 . 25 . 17	
17)	33 . 64 . 360 . 20 . 21	= 11 . 3 . 10 . 7 . 2	
18)	120 . 18 . 21 . 66 . 56	= 30 . 11 . 8 . 7 . 3	
19)	136 . 16 . 14 . 11 . 132	= 8 . 7 . 11 . 12 . 2	
20)	1024 . 336 . 1848 . 182	= 12 . 13 . 14 . 9 . 4	
21)	214 . 816 . 756 . 648	= 16 . 64 . 24 . 27	
22)	15 . 25 . 35 . 54 . 66 . 13	= 5 . 11 . 27 . 13 . 22 . 3	
23)	18 . 123 . 86 . 205 . 42 . 105 . 17	= 41 . 3 . 17 . 12 . 210 . 63 . 45	
24)	128 . 340 . 72 . 650 . 484 . 19	= 96 . 260 . 17 . 19 . 363 . 160	
25)	8 . 63 . 430 . 7 . 36 . 304	= 7 . 15 . 4 . 24 . 9 . 32	
26)	7 . 51 . 111 . 6 . 45 . 252	= 21 . 9 . 13 . 2 . 18 . 5	
27)	121 . 91 . 6 . 230 . 96 . 5	= 13 . 11 . 10 . 12 . 17 . 22	

Man soll die kleinste Zahl ermitteln, welche durch die Zahlen:

28)	16, 24, 36, 49, 81	theilbar ist.
29)	45, 18, 21, 64, 128	= =
30)	11, 121, 360, 36, 10	= =
31)	15, 26, 14, 27, 81	= =
32)	11, 33, 66, 64, 128, 336	= =
33)	7, 27, 21, 54, 9, 14	= =
34)	13, 11, 22, 26, 104, 16, 8	= =
35)	121, 11, 14, 56, 8, 7	= =
36)	3, 14, 22, 35, 54, 66	= =
37)	4, 12, 18, 36, 45, 105	= =
38)	8, 17, 72, 128, 160, 340	= =
39)	7, 15, 24, 36, 63, 130	= =
40)	6, 7, 9, 18, 21, 45	= =

Resultate dieser Uebungsbeispiele.

1) Durch 2, 3, 4, 6, 8; 2) durch 2, 4, 8; 3) durch 2, 3,

4, 6, 8, 9; 4) durch 2, 3, 5, 6; 5) durch 3, 5, 9; 6) durch 2, 3, 4, 6, 8; 7) durch 2, 3, 4, 6, 11; 8) durch 2, 3, 4, 5, 6, 8, 9; 9) durch 2, 3, 6, 9; 10) durch 2, 4, 8; 11) durch 2, 3, 6; 12) durch 2, 4, 8, 11; 13) durch 2, 11; 14) 46656; 15) 826200; 16) 1150; 17) 69120; 18) 3024; 19) 2992; 20) 1471829 nächst kleinster Quotient; 21) 128921 nächst kleinster Quotient; 22) 375; 23) 82; 24) 40; 25) 5719; 26) 6096 nächst kleinster Quotient; 27) 1136 nächst kleinster Quotient; 28) 63504; 29) 40320; 30) 43560; 31) 73710; 32) 29568; 33) 378; 34) 2288; 35) 6776; 36) 20790; 37) 1260; 38) 97920; 39) 32760; 40) 630.

IV.

Uebungsbeispiele zum vierten Kapitel.

1) Man soll den Bruch $\frac{1024}{4096}$ aufheben.
2) = = = = $\frac{1664}{3984}$ =
3) = = = = $\frac{5040}{10080}$ =
4) = = = = $\frac{1584}{2376}$ =
5) = = = = $\frac{1152}{1536}$ =
6) = = = = $\frac{3780}{4725}$ =
7) = = = = $\frac{2310}{2772}$ =
8) = = = = $\frac{2160}{2520}$ =
9) Man soll die Brüche $\frac{3}{32}$, $\frac{7}{32}$, $\frac{5}{32}$, $\frac{9}{32}$, $\frac{6}{32}$, und $\frac{1}{32}$ addiren.
10) = = = = $\frac{2}{16}$, $\frac{1}{16}$, $\frac{3}{16}$, $\frac{5}{16}$, $\frac{4}{16}$ =
11) = = = = $\frac{3}{28}$, $\frac{5}{28}$, $\frac{7}{28}$, $\frac{2}{28}$, $\frac{4}{28}$, $\frac{6}{28}$ =
12) = = = = $\frac{5}{36}$, $\frac{7}{36}$, $\frac{13}{36}$, $\frac{17}{36}$, =
13) = = = = $\frac{4}{81}$, $\frac{5}{81}$, $\frac{7}{81}$, $\frac{13}{81}$, $\frac{17}{81}$ =
14) = = = = $\frac{1}{2}$, $\frac{1}{6}$, $\frac{7}{9}$, $\frac{11}{12}$, $\frac{3}{14}$, $\frac{17}{18}$, $\frac{25}{36}$ =
15) = = = = $\frac{2}{3}$, $\frac{5}{6}$, $\frac{5}{8}$, $\frac{7}{12}$, $\frac{5}{16}$, $\frac{19}{24}$, $\frac{25}{28}$ =
16) = = = = $\frac{3}{14}$, $\frac{5}{16}$, $\frac{9}{28}$, $\frac{3}{64}$, $\frac{5}{21}$, $\frac{11}{49}$, $\frac{3}{128}$ =
17) = = = = $\frac{7}{19}$, $\frac{5}{128}$, $\frac{13}{57}$, $\frac{11}{68}$, $\frac{15}{64}$, $\frac{3}{4}$, $\frac{1}{38}$ =
18) = = = = $\frac{2}{11}$, $\frac{3}{4}$, $\frac{5}{22}$, $\frac{7}{12}$, $\frac{8}{9}$, $\frac{11}{27}$, $\frac{4}{5}$, $\frac{9}{20}$ =
19) = = = = $\frac{2}{3}$, $\frac{8}{15}$, $\frac{5}{36}$, $\frac{1}{42}$, $\frac{3}{4}$, $\frac{3}{16}$, $\frac{11}{24}$, $\frac{7}{32}$ =
20) = = = = $\frac{1}{2}$, $\frac{5}{6}$, $\frac{3}{10}$, $\frac{4}{21}$, $\frac{6}{28}$, $\frac{8}{14}$, $\frac{2}{3}$, $\frac{7}{18}$ =
21) = = = = $\frac{2}{5}$, $\frac{7}{15}$, $\frac{8}{20}$, $\frac{1}{3}$, $\frac{4}{9}$, $\frac{5}{18}$ =
22) = = = = $\frac{2}{3}$, $\frac{3}{4}$, $\frac{5}{6}$, $\frac{7}{8}$, $\frac{8}{9}$, $\frac{7}{12}$, $\frac{13}{16}$ =
23) = = = = $\frac{1}{2}$, $\frac{2}{3}$, $\frac{3}{4}$, $\frac{2}{5}$, $\frac{5}{6}$, $\frac{3}{8}$, $\frac{7}{10}$, $\frac{4}{15}$, $\frac{13}{16}$ =
24) = = = = $\frac{1}{2}$, $\frac{25}{36}$, $\frac{2}{3}$, $\frac{17}{24}$, $\frac{3}{4}$, $\frac{15}{16}$, $\frac{4}{5}$ =

25) Man soll die gemischten Zahlen $3\frac{4}{5}$, $6\frac{7}{8}$, $9\frac{10}{11}$, $1\frac{3}{20}$, $4\frac{1}{40}$, $7\frac{5}{22}$ addiren
26) = = = = = $1\frac{2}{3}$, $4\frac{5}{6}$, $7\frac{8}{9}$, $10\frac{11}{12}$, $2\frac{3}{4}$, $5\frac{6}{7}$, $8\frac{9}{10}$ =
27) = = = = = $1\frac{3}{4}$, $5\frac{7}{8}$, $9\frac{11}{12}$, $2\frac{4}{5}$, $6\frac{8}{9}$, $10\frac{2}{45}$ =
28) = = = = = $2\frac{5}{6}$, $7\frac{10}{11}$, $3\frac{6}{7}$, $8\frac{11}{12}$, $4\frac{7}{8}$, $9\frac{4}{21}$ =
29) = = = = = $2\frac{5}{6}$, $6\frac{1}{2}$, $4\frac{7}{8}$, $8\frac{3}{4}$, $3\frac{6}{7}$, $7\frac{2}{3}$, $5\frac{8}{9}$, $9\frac{4}{5}$ =
30) = = = = = $4\frac{2}{5}$, $10\frac{3}{8}$, $3\frac{4}{7}$, $12\frac{5}{6}$, $2\frac{6}{11}$, $14\frac{7}{9}$ =
31) = = = = = $2\frac{1}{6}$, $11\frac{5}{24}$, $4\frac{7}{9}$, $13\frac{11}{18}$, $5\frac{3}{4}$, $17\frac{1}{8}$ =
32) = = = = = $11\frac{2}{3}$, $4\frac{5}{21}$, $2\frac{8}{35}$, $12\frac{3}{5}$, $3\frac{9}{14}$, $5\frac{7}{36}$ =
33) = = = = = $3\frac{1}{2}$, $7\frac{2}{3}$, $8\frac{3}{4}$, $9\frac{4}{5}$, $13\frac{5}{6}$, $5\frac{5}{8}$ =
34) = = = = = $2\frac{1}{14}$, $3\frac{5}{36}$, $8\frac{11}{21}$, $4\frac{5}{7}$, $5\frac{1}{18}$, $2\frac{3}{5}$ =

35) Man soll von $\frac{37}{61}$ den Bruch $\frac{22}{61}$ subtrahiren.
36) = = = $\frac{56}{91}$ = = $\frac{41}{91}$ =
37) = = = $\frac{19}{24}$ = = $\frac{8}{24}$ =
38) = = = $\frac{49}{60}$ = = $\frac{32}{60}$ =
39) = = = $\frac{11}{12}$ = = $\frac{7}{12}$ =
40) = = = $\frac{13}{20}$ = = $\frac{6}{20}$ =
41) = = = $\frac{9}{35}$ = = $\frac{4}{21}$ =
42) = = = $\frac{7}{45}$ = = $\frac{5}{36}$ =
43) = = = $\frac{13}{72}$ = = $\frac{7}{40}$ =
44) = = = $\frac{11}{42}$ = = $\frac{7}{30}$ =
45) = = = $\frac{15}{64}$ = = $\frac{3}{128}$ =
46) = = = $\frac{23}{24}$ = = $\frac{11}{36}$ =

47) Man soll von $15\frac{13}{16}$ die gemischte Zahl $3\frac{5}{96}$ subtrahiren.
48) = = = $11\frac{1}{60}$ = = = $5\frac{7}{24}$ =
49) = = = $4\frac{6}{63}$ = = = $2\frac{5}{81}$ =
50) = = = $11\frac{8}{27}$ = = = $6\frac{4}{15}$ =
51) = = = $25\frac{1}{3}$ = = = $11\frac{5}{16}$ =
52) = = = $8\frac{3}{20}$ = = = $4\frac{9}{35}$ =

53) Man soll von $25\frac{13}{15}$ die gemischte Zahl $15\frac{11}{12}$ subtrahiren.
54) = = = $126\frac{21}{49}$ = = = $109\frac{41}{50}$ =

55) Man soll $\frac{4}{5}$ mit 7 mutipliciren.
56) = = $\frac{7}{9}$ = 6 =
57) = = $\frac{14}{35}$ = 8 =
58) = = $\frac{9}{11}$ = 4 =
59) = = $\frac{13}{14}$ = 5 =
60) = = $\frac{31}{32}$ = 3 =
61) = = $\frac{7}{10}$ = 2 =
62) = = $\frac{9}{16}$ = 4 =
63) = = $\frac{6}{15}$ = 8 =
64) = = $\frac{8}{21}$ = 7 =
65) = = $\frac{5}{56}$ = 8 =
66) = = $\frac{13}{45}$ = 9 =
67) = = $\frac{3}{8}$ = 5 =
68) = = $\frac{5}{14}$ = 2 =
69) = = $\frac{3}{4}$ = $\frac{7}{8}$ =
70) = = $\frac{5}{11}$ = $\frac{4}{15}$ =
71) = = $\frac{6}{7}$ = $\frac{14}{25}$ =
72) = = $\frac{2}{13}$ = $\frac{11}{24}$ =
73) = = $\frac{9}{35}$ = $\frac{7}{18}$ =
74) = = $\frac{11}{12}$ = $\frac{2}{11}$ =

75) Es sollen $\frac{2}{5}$, $\frac{3}{7}$ und $\frac{4}{9}$ multiplicirt werden.
76) = = $\frac{3}{4}$, $\frac{5}{6}$, $\frac{4}{7}$ und $\frac{5}{12}$ = =
77) = = $\frac{2}{3}$, $\frac{5}{6}$, $\frac{4}{5}$, $\frac{3}{7}$, $\frac{2}{9}$ und $\frac{7}{20}$ = =
78) = = $\frac{2}{5}$, $\frac{5}{13}$, $\frac{10}{11}$, $\frac{13}{21}$, $\frac{7}{8}$ und $\frac{12}{35}$ = =
79) = = $\frac{3}{4}$, $\frac{7}{9}$, $\frac{12}{13}$, $\frac{5}{28}$, $\frac{39}{40}$ und $\frac{56}{65}$ = =
80) = = $\frac{3}{8}$, $\frac{4}{9}$, $\frac{5}{14}$, $\frac{7}{22}$, $\frac{11}{12}$, $\frac{16}{17}$ und $\frac{24}{25}$ = =
81) = = $\frac{2}{3}$, $\frac{3}{4}$, $\frac{5}{6}$, $\frac{6}{7}$, $\frac{7}{8}$ und $\frac{8}{9}$ = =
82) = = $\frac{5}{7}$, $\frac{8}{9}$, $\frac{7}{24}$, $\frac{4}{5}$, $\frac{5}{3}$ und $\frac{62}{63}$ = =
83) = = $2\frac{3}{5}$, $\frac{6}{7}$, $3\frac{5}{6}$, $2\frac{1}{23}$ und $\frac{5}{47}$ = =
84) = = $11\frac{3}{15}$, $2\frac{1}{11}$, $4\frac{3}{7}$, $\frac{13}{168}$, $\frac{11}{31}$ u. $\frac{5}{23}$ = =
85) = = $12\frac{3}{5}$ und $3\frac{4}{7}$ = =
86) = = $15\frac{1}{9}$ und $6\frac{3}{4}$ = =
87) = = $3\frac{1}{5}$, $6\frac{2}{7}$ und $2\frac{7}{9}$ = =
88) = = $1\frac{3}{4}$, $2\frac{4}{5}$, $4\frac{1}{6}$ und $5\frac{1}{7}$ = =

89) Man soll $\frac{24}{41}$ durch 12 dividiren.

90)	Man	soll	$\frac{3}{16}$	durch	4	dividiren.
91)	=	=	5	=	$\frac{2}{3}$	=
92)	=	=	$\frac{14}{17}$	=	7	=
93)	=	=	$\frac{21}{33}$	=	3	=
94)	=	=	$\frac{32}{43}$	=	8	=
95)	=	=	$\frac{44}{57}$	=	4	=
96)	=	=	$\frac{25}{32}$	=	5	=
97)	=	=	$\frac{36}{47}$	=	6	=
98)	=	=	$\frac{5}{8}$	=	6	=
99)	=	=	$\frac{5}{6}$	=	2	
100)	=	=	$\frac{4}{5}$	=	5	=
101)	=	=	$\frac{3}{4}$	=	9	=
102)	=	=	$\frac{7}{11}$	=	4	=
103)	=	=	$\frac{19}{20}$	=	3	=
104)	=	=	4	=	$\frac{2}{3}$	=
105)	=	=	9	=	$\frac{7}{11}$	=
106)	=	=	15	=	$\frac{16}{25}$	=
107)	=	=	21	=	$\frac{11}{32}$	=
108)	=	=	32	=	$\frac{7}{41}$	=
109)	=	=	43	=	$\frac{9}{52}$	=
110)	=	=	$\frac{3}{4}$	=	$\frac{7}{8}$	=
111)	=	=	$\frac{4}{5}$	=	$\frac{8}{9}$	=
112)	=	=	$\frac{5}{6}$	=	$\frac{10}{11}$	=
113)	=	=	$\frac{2}{3}$	=	$\frac{12}{13}$	=
114)	=	=	$\frac{9}{14}$	=	$\frac{13}{21}$	=
115)	=	=	$\frac{6}{13}$	=	$\frac{2}{7}$	=
116)	=	=	$\frac{5}{7}$	=	$\frac{2}{9}$	=
117)	=	=	$\frac{2}{3}$	=	$5\frac{1}{12}$	=
118)	=	=	$2\frac{2}{5}$	=	$\frac{5}{6}$	=
119)	=	=	$5\frac{1}{7}$	=	$8\frac{2}{9}$	=
120)	=	=	$4\frac{2}{7}$	=	$3\frac{1}{5}$	=
121)	=	=	$12\frac{3}{8}$	=	$5\frac{1}{4}$	=
122)	=	=	$26\frac{2}{3}$	=	$7\frac{7}{9}$	=
123)	=	=	$38\frac{1}{2}$	=	$8\frac{3}{4}$	=
124)	=	=	$47\frac{3}{5}$	=	$9\frac{1}{6}$	=
125)	=	=	$3\frac{2}{11}$	=	$4\frac{8}{13}$	=

Man soll

126) $3\frac{4}{7}$. 5 . $\frac{11}{12}$. $6\frac{3}{4}$. 8 . $\frac{6}{13}$ durch $7\frac{1}{2}$. 18 . $\frac{15}{16}$. $2\frac{1}{5}$. 10 . $\frac{9}{26}$ divid.

Man soll

127) $7 . \frac{4}{39} . 3\frac{8}{9} . 5\frac{1}{7} . \frac{8}{33} . 30$ durch $10 . \frac{15}{16} . 2\frac{2}{11} . 4\frac{1}{6} . \frac{12}{13} . 21$ divid.
128) $\frac{3}{14} . 8\frac{2}{5} . 15 . \frac{23}{24} . 1\frac{7}{9} . 13$ „ $26 . \frac{5}{18} . 2\frac{1}{4} . 46 . \frac{9}{22} . 2\frac{1}{5}$ „
129) $2\frac{3}{5} . \frac{4}{7} . 6 . 8\frac{1}{9} . \frac{10}{11} . 12$ „ $13 . \frac{8}{11} . 3\frac{3}{4} . 9 . \frac{4}{27} . 1\frac{5}{7}$ „
130) $\frac{5}{8} . 1\frac{5}{6} . 10 . \frac{3}{4} . 3\frac{3}{5} . 12 . \frac{6}{11}$ „ $\frac{9}{14} . 3\frac{1}{9} . 15 . 3\frac{3}{8} . \frac{2}{5}$ „
131) $6 . \frac{2}{11} . 3\frac{1}{8} . 4\frac{2}{5} . \frac{5}{16} . 12$ „ $\frac{7}{33} . 8\frac{4}{7} . 21 . \frac{5}{6}$ „
132) $3\frac{5}{6} . \frac{7}{8} . 1\frac{3}{15} . 4$ „ $\frac{23}{35} . 2\frac{3}{15} . \frac{7}{8} . \frac{5}{6}$ „
133) $2\frac{1}{15} . 3\frac{5}{7} . 1\frac{1}{11} . 2\frac{3}{7} . 5$ „ $\frac{7}{15} . 1\frac{2}{7} . \frac{26}{33} . \frac{31}{91}$ „
134) $2\frac{3}{7} . 15 . \frac{7}{8} . \frac{3}{5} . 11\frac{1}{6} . 7\frac{1}{9}$ „ $\frac{67}{72} . \frac{216}{423} . 1\frac{8}{9} . 1\frac{2}{7}$ „

Man soll die Doppelbrüche

135) $\frac{\frac{3}{4}}{5}$, $\frac{2}{\frac{5}{6}}$, $\frac{\frac{2}{3}}{\frac{5}{8}}$, $\frac{3\frac{1}{2}}{4}$, $\frac{2}{2\frac{2}{5}}$ u. $\frac{6\frac{2}{3}}{4\frac{3}{8}}$ in gewöhnl. Brüche verwandeln.

136) $\frac{\frac{1}{2}}{7}$, $\frac{\frac{3}{4}}{9}$, $\frac{\frac{5}{6}}{11}$ und $\frac{\frac{7}{8}}{13}$ „ „ „ „

137) $\frac{5}{\frac{2}{3}}$, $\frac{8}{\frac{4}{5}}$, $\frac{6}{\frac{6}{7}}$ und $\frac{10}{\frac{8}{9}}$ „ „ „ „

138) $\frac{\frac{9}{10}}{\frac{3}{5}}$, $\frac{\frac{4}{7}}{\frac{11}{12}}$, $\frac{\frac{13}{14}}{\frac{5}{9}}$ und $\frac{\frac{2}{3}}{\frac{15}{16}}$ „ „ „ „

139) $\frac{2\frac{1}{5}}{3}$, $\frac{6\frac{2}{7}}{5}$, $\frac{3\frac{3}{4}}{4}$ und $\frac{7\frac{3}{11}}{6}$ „ „ „ „

140) $\frac{4}{5\frac{3}{10}}$, $\frac{9}{2\frac{1}{13}}$, $\frac{10}{12\frac{1}{7}}$ u. $\frac{12}{7\frac{2}{9}}$ „ „ „ „

141) $\frac{7\frac{1}{4}}{8\frac{2}{5}}$, $\frac{13\frac{2}{3}}{5\frac{3}{8}}$, $\frac{6\frac{1}{9}}{7\frac{8}{11}}$ und $\frac{16\frac{1}{2}}{4\frac{6}{7}}$ „ „ „ „

142) $\frac{5\frac{1}{3}}{6}$, $\frac{2\frac{2}{3}}{4\frac{1}{6}}$, $\frac{\frac{3\frac{1}{2}}{4}}{5}$ und $\frac{\frac{5\frac{2}{7}}{3\frac{1}{3}}}{\frac{2\frac{2}{3}}{4}}$ „ „ „ „

Resultate dieser Uebungsbeispiele.

1) $\frac{1}{4}$, 2) $\frac{104}{249}$, 3) $\frac{1}{2}$, 4) $\frac{2}{3}$, 5) $\frac{3}{4}$, 6) $\frac{4}{5}$, 7) $\frac{5}{6}$, 8) $\frac{6}{7}$, 9) $\frac{31}{32}$, 10) $\frac{15}{16}$, 11) $\frac{27}{28}$, 12) $1\frac{6}{36} = 1\frac{1}{6}$, 13) $\frac{46}{81}$, 14) $4\frac{54}{252} = 4\frac{3}{14}$, 15) $4\frac{237}{336} = 4\frac{79}{112}$, 16) $1\frac{7171}{18816}$, 17) $1\frac{100219}{124032}$, 18) $4\frac{343}{1188}$, 19) $2\frac{9851}{10080}$, 20) $3\frac{419}{630}$, 21) $2\frac{29}{90}$, 22) $5\frac{59}{144}$, 23) $5\frac{73}{240}$, 24) $5\frac{41}{720}$, 25) $32\frac{217}{220}$, 26) $42\frac{256}{315}$, 27) $37\frac{11}{40}$, 28) $37\frac{1075}{1848}$, 29) $50\frac{431}{2520}$, 30) $48\frac{13943}{27720}$, 31) $54\frac{23}{36}$, 32) $39\frac{719}{1260}$, 33) $49\frac{7}{40}$, 34) $26\frac{131}{1260}$,

35) $\frac{15}{61}$, 36) $\frac{15}{91}$, 37) $\frac{11}{24}$, 38) $\frac{17}{60}$, 39) $\frac{1}{3}$, 40) $\frac{7}{20}$, 41) $\frac{1}{15}$, 42) $\frac{1}{60}$, 43) $\frac{1}{180}$, 44) $\frac{1}{35}$, 45) $\frac{27}{128}$, 46) $\frac{47}{72}$, 47) $12\frac{73}{96}$, 48) $5\frac{87}{120} = 5\frac{29}{40}$, 49) $2\frac{19}{567}$, 50) $5\frac{4}{135}$, 51) $14\frac{1}{48}$, 52) $3\frac{25}{28}$, 53) $9\frac{19}{20}$, 54) $16\frac{213}{350}$, 55) $5\frac{3}{5}$, 56) $4\frac{2}{3}$, 57) $3\frac{1}{5}$, 58) $3\frac{3}{11}$, 59) $4\frac{9}{14}$, 60) $2\frac{29}{32}$, 61) $1\frac{2}{5}$, 62) $2\frac{1}{4}$, 63) $1\frac{1}{6}$, 64) $2\frac{2}{3}$, 65) $\frac{5}{7}$, 66) $2\frac{3}{5}$, 67) $1\frac{7}{8}$, 68) $\frac{5}{7}$, 69) $\frac{21}{32}$, 70) $\frac{4}{33}$, 71) $\frac{12}{25}$, 72) $\frac{11}{156}$, 73) $\frac{1}{10}$, 74) $\frac{1}{6}$, 75) $\frac{8}{105}$, 76) $\frac{25}{168}$, 77) $\frac{2}{135}$, 78) $\frac{2}{77}$, 79) $\frac{21}{260}$, 80) $\frac{4}{255}$, 81) $\frac{5}{18}$, 82) $\frac{1240}{5103}$, 83) $1\frac{23}{42}$, 84) $\frac{13}{21}$, 85) 45, 86) 102, 87) $55\frac{55}{63}$, 88) 105, 89) $\frac{2}{41}$, 90) $\frac{3}{64}$, 91) $7\frac{1}{2}$, 92) $\frac{2}{17}$, 93) $\frac{7}{33}$, 94) $\frac{4}{43}$, 95) $\frac{11}{57}$, 96) $\frac{5}{32}$, 97) $\frac{6}{47}$, 98) $\frac{5}{48}$, 99) $\frac{5}{12}$, 100) $\frac{4}{25}$, 101) $\frac{1}{12}$, 102) $\frac{7}{44}$, 103) $\frac{19}{60}$, 104) 6, 105) $14\frac{1}{7}$, 106) $23\frac{7}{16}$, 107) $61\frac{1}{11}$, 108) $187\frac{3}{7}$, 109) $248\frac{4}{9}$, 110) $\frac{6}{7}$, 111) $\frac{9}{10}$, 112) $\frac{11}{12}$, 113) $\frac{13}{18}$, 114) $1\frac{1}{26}$, 115) $1\frac{8}{13}$, 116) $3\frac{3}{14}$, 117) $\frac{8}{61}$, 118) $2\frac{22}{25}$, 119) $\frac{162}{259}$, 120) $1\frac{19}{56}$, 121) $2\frac{5}{14}$, 122) $3\frac{3}{7}$, 123) $4\frac{2}{5}$, 124) $5\frac{53}{275}$, 125) $\frac{91}{132}$, 126) $\frac{80}{189}$, 127) $\frac{128}{2025}$, 128) $\frac{8}{9}$, 129) $9\frac{11}{15}$, 130) 3, 131) $1\frac{7}{8}$, 132) $15\frac{3}{11}$, 133) $631\frac{3}{7}$, 134) 1316, 135) $\frac{3}{20}$, $2\frac{2}{5}$, $1\frac{1}{15}$, $\frac{7}{8}$, $\frac{5}{6}$, $1\frac{11}{21}$, 136) $\frac{1}{14}$, $\frac{1}{12}$, $\frac{5}{66}$, $\frac{7}{104}$, 137) $7\frac{1}{2}$, 10, 7, $11\frac{1}{4}$, 138) $1\frac{1}{2}$, $\frac{48}{77}$, $1\frac{47}{70}$, $\frac{32}{45}$, 139) $\frac{11}{15}$, $1\frac{9}{35}$, $\frac{15}{16}$, $1\frac{7}{33}$, 140) $\frac{40}{53}$, $4\frac{1}{3}$, $\frac{14}{17}$, $1\frac{43}{65}$, 141) $\frac{145}{168}$, $2\frac{70}{129}$, $\frac{121}{153}$, $3\frac{27}{68}$, 142) $\frac{11}{12}$, $\frac{16}{25}$, $4\frac{3}{8}$, $\frac{333}{140}$.

V.

Uebungsbeispiele zum fünften Kapitel.

1) Man soll d. gewöhnl. Bruch $\frac{37}{100}$ in einen Decimalbr. verwandeln.
2) „ „ „ „ „ $\frac{11}{1000}$ „ „ „ „
3) „ „ „ „ „ $\frac{22}{100000}$ „ „ „ „
4) „ „ „ „ „ $\frac{1}{1000000}$ „ „ „ „
5) „ „ „ „ „ $\frac{252}{10000}$ „ „ „ „
6) „ „ „ „ „ $\frac{27}{10}$ „ „ „ „
7) „ „ „ „ „ $\frac{353}{100}$ „ „ „ „
8) „ „ „ „ „ $\frac{2156}{1000}$ „ „ „ „
9) „ „ „ „ „ $\frac{21494}{10000}$ „ „ „ „
10) „ „ „ „ „ $\frac{215831}{10000}$ „ „ „ „
11) „ „ „ „ „ $\frac{7}{8}$ „ „ „ „

12) Man soll d. gewöhnl. Bruch $\frac{13}{16}$ in einen Decimalbr. verwandeln.
13) = = = = = $\frac{3}{40}$ = = = =
14) = = = = = $\frac{5}{64}$ = = = =
15) = = = = = $\frac{11}{25}$ = = = =
16) = = = = = $\frac{7}{800}$ = = = =
17) = = = = = $\frac{11}{125}$ = = = =
18) = = = = = $\frac{11}{16000}$ = = = =

19) Man soll d. gew. Bruch $\frac{5}{7}$ in einen Decimalbruch von 3 Decimalstellen verwandeln.
20) = = = = = $\frac{7}{11}$ = 3 = =
21) = = = = = $\frac{5}{127}$ = 4 = =
22) = = = = = $\frac{1}{1258}$ = 5 = =
23) = = = = = $\frac{1}{8076934}$ = 9 = =
24) = = = = = $\frac{13}{569437}$ = 8 = =
25) = = = = = $\frac{17}{3000}$ = 5 = =
26) = = = = = $\frac{47}{71000000}$ = 9 = =
27) = = = = = $\frac{27}{13}$ = 2 = =
28) = = = = = $\frac{35}{31}$ = 3 = =
29) = = = = = $\frac{1211}{325}$ = 3 = =

30) Man soll die Decimalbrüche 3,25; 7,308 addiren.
31) = = = = 0,025; 5,0372; 7,312 =
32) = = = = 3,5; 0,0056; 3,000156; 0,00357 =
33) = = = = 5,75; 8,753; 7,21; 0,73001 =
34) = = = = 7,1; 3,025; 5,035; 7,3131 =
35) = = = = 0,021; 0,538; 0,712; 0,9158 =
36) = = = = 0,134; 0,718; 2,513; 1,013 =
37) = = = = 0,12; 0,000015; 5,36821 6,00031
38) = = = = 5,1; 2,4001; 7,2301; 0,000031 =
39) = = = = 2,25; 3,0031; 2,17; 5,31; 0,3281 =

40) Man soll von 3,25 den Decimalbruch 2,0014 subtrahiren.
41) = = = 5 = = 1,718 =
42) = = = 5,70014 = = 0,0387 =
43) = = = 3,0015678 = = 2,38767 =
44) = = = 5,135 = = 2,0872 =
45) = = = 3,00142 = = 1,982 =
46) = = = 0,83261 = = 0,279 =
47) = = = 1,382 = = 0,987631 =

48) Man soll von 0,982 den Decimalbruch 0,70013 subtrahiren.
49) = = = 7,37106 = = 5,921 =

50) Man soll 3,25 mit 0,075 multipliciren.
51) = = 6,318 = 28 =
52) = = 315 = 0,0167 =
53) = = 0,0013 = 2,015 =
54) = = 0,00015 = 0,000367 =
55) = = 0,01 = 0,751 =
56) = = 2,0038 = 0,315 =
57) = = 8,025 = 2,13 =
58) = = 5,3001 = 0,1501 =
59) = = 0,00133 = 0,0015 =

60) Es sollen 5,25; 0,2; 5,1 multiplicirt werden.
61) = = 0,1; 0,005; 8,32 = =
62) = = 5,1; 0,23; 1,25; 2,075 = =
63) = = 1,25; 2,1; 3,002; 5,1 = =
64) = = 0,5; 3,31; 7; 8,005 = =

65) Man soll 5,64 durch 2 dividiren.
66) = = 0,357642 = 6 =

67) Man soll 0,01765125 durch 375 dividiren.
68) = = 400 = 0,25 =
69) = = 5640 = 0,0015 =
70) = = 2,53944 = 7,2 =
71) = = 0,02382245 = 0,37 =
72) = = 1114,869145005 = 0,385 =
73) = = 56,4 = 0,00015 =
74) = = 0,0001 = 0,02 =
75) = = 145,817 = 0,0563 =
76) Man soll 5,0032 d. 2,158 divid. u. d. Quotienten in 3 Decimalstellen ausdrücken.
77) = = 0,15 = 5,716 = = = = 4 =
78) = = 1,5 = 0,0124 = = = = 2 =
79) = = 3,1256 = 0,15 = = = = 3 =
80) = = 0,0832 = 6,15 = = = = 5 =
81) = = 0,00005 = 3,15 = = = = 6 =
82) = = 0,003 = 0,052 = = = = 3 =
83) = = 1,076 = 0,571 = = = = 2 =
84) = = 5,01 = 7,9 = = = = 3 =

Resultate dieser Uebungsbeispiele.

1) 0,37; 2) 0,011; 3) 0,00022; 4) 0,000001; 5) 0,0252; 6) 2,7; 7) 3,53; 8) 2,156; 9) 2,1494; 10) 21,5831; 11) 0,875;

12) 0,8125; 13) 0,075; 14) 0,078125; 15) 0,44; 16) 0,00875; 17) 0,088; 18) 0,0006875; 19) 0,714....; 20) 0,636....; 21) 0,0393....; 22) 0,00077....; 23) 0,000000123....; 24) 0,00002282....; 25) 0,00566....; 26) 0,000000661; 27) 2,07....; 28) 1,129....; 29) 3,726....; 30) 10,558; 31) 12,3742; 32) 6,509326; 33) 22,44301; 34) 22,4731; 35) 2,1868; 36) 4,378; 37) 11,488535; 38) 14,730231; 39) 13,0612; 40) 1,2486; 41) 3,282; 42) 5,66144; 43) 0,6138978; 44) 3,0478; 45) 1,01942; 46) 0,55361; 47) 0,394369; 48) 0,28187; 49) 1,45006; 50) 0,24375; 51) 176,904; 52) 5,2605; 53) 0,0026195; 54) 0,00000005505; 55) 0,00751; 56) 0,631197; 57) 17,09325; 58) 0,79554501; 59) 0,000001995; 60) 5,355; 61) 0,00416; 62) 3,04246875; 63) 40,189275; 64) 92,737925; 65) 2,82; 66) 0,059607; 67) 0,00004707; 68) 1600; 69) 3760000; 70) 0,3527; 71) 0,064385; 72) 2895,764013; 73) 376000; 74) 0,005; 75) 2590; 76) 2,318....; 77) 0,0262....; 78) 120,96....; 79) 29,837....; 80) 0,01352....; 81) 2,000015....; 82) 0,057....; 83) 1,88....; 84) 0,634....

VI.

Uebungsbeispiele zum sechsten Kapitel.

1) Man soll d. einfach gleichbenannten Zahlen 3 Thlr., 6 Thlr., 8 Thlr., 9 Thlr., 12 Thlr. addiren.

2) " " " " " 5 Thlr., 11 Thlr., 18 Thlr., 26 Thlr., 35 Thlr. addiren.

3) Man soll von der einfach benannten Zahl 18 Thlr. die einf. gleichben. Zahl 3 Thlr. subtrahiren.

4) " " " " " 1002 Fuder d. einfach gleichbenannte Zahl 613 Fuder subtrahiren.

5) Friedrich I., König von Preußen, regierte von 1688 bis 1713; wie lange hat er regiert?

6) Friedrich Wilhelm I., König von Preußen, regierte von 1713 bis 1740; wie lange dauerte seine Regierung?

7) Einer wurde 1746 den 2. December geboren, und starb in einem Alter von 57 Jahren 3 Monaten und 4 Tagen; in welchem Jahre starb er?

Man soll die einfach benannte Zahl

8) 8 Tonnen mit 4 multipliciren.
9) 13 Wochen m. 3 "
10) 306 Centner m. 234 "
11) 8 Centner mit 9 "
12) 14 Schock durch 3 dividiren.
13) 2034 Ballen " 9 "
14) 445632 Schock d. 11 "
15) 1520336 Dutzd. d. 8 "
16) 125 Thlr. in Gr. verwandeln.
17) 206 Ruthen in Fuß "
18) 17 Hufen in Morgen "
19) $9\frac{3}{4}$ Fuder in Orhoft "
20) $15\frac{1}{4}$ Jahr in Mon. "
21) $26\frac{2}{5}$ Ctnr. in Pfund "
22) $9\frac{7}{8}$ Buch Schreibpap. in Bogen "
23) 38 Thlr. in Gr. "
24) 11 Fuß in Zoll "
25) 134 Pf. in Gr. ausdrücken.
26) 138 Anker in Eimern "
27) 2145 Tage in Mon. "
28) 2808 Fuß in Ruthen "
29) 240 Metz. in Scheffln. "
30) 34025 Min. in Stund.

Man soll die mehrfach benannte Zahl

31) 1234 Thlr. 17 Gr. in Thalern ausdrücken.
32) 1234 Thlr. 17 Gr. in Groschen ausdrücken.
33) 3456 Hufen 20 Morgen in Hufen ausdrücken.
34) 3456 Hufen 20 Morgen in Morgen ausdrücken.
35) 5678 Fuder 3 Orhoft in Fudern ausdrücken.
36) 5678 Fuder 3 Orhoft in Orhoften ausdrücken.
37) 7890 Jahre 26 Wochen in Jahren ausdrücken.
38) 7890 Jahre 26 Wochen in Wochen ausdrücken.
39) 9012 Ballen 8 Rieß in Ballen ausdrücken.

Man soll die mehrfach benannte Zahl

40) 9012 Ball. 8 Rieß in Rießen ausdrücken.
41) 13 Ruthen 1 Fuß 2 Zoll 3 Linien in Ruthen ausdrücken.
42) 13 Ruthen 1 Fuß 2 Zoll 3 Linien in Fußen ausdrücken.
43) 13 Ruthen 1 Fuß 2 Zoll 3 Linien in Zollen ausdrücken.
44) 3 Jahr 6 Monat 15 Tage in Jahren ausdrücken.
45) 3 Jahr 6 Monat 15 Tage in Monaten ausdrücken.
46) 3 Jahr 6 Monat 15 Tage in Tagen ausdrücken.
47) 15 Thlr. 8 Gr 6 Pf. in Thlrn. ausdrücken.
48) 15 Thlr. 8 Gr. 6 Pf. in Gr. ausdrücken.
49) 15 Thlr. 8 Gr. 6 Pf. in Pf. drücken.
50) 2 Huf. 5 Morg. 120 Quadr.-Ruthen 36 Quadr.-Fuß in Hufen ausdrücken.
51) 2 Huf. 5 Morg. 120 Quadr.-Ruthen 36 Quadr.-Fuß in Morgen ausdrücken.
52) 2 Huf. 5 Morg. 120 Quadr.-Ruthen 36 Quadr.-Fuß in Quadr.-Ruthen ausdrücken.
53) 2 Huf. 5 Morg. 120 Quadr.-Ruth. 36 Quadr.-Fuß in Quadr.-Fußen ausdrücken.
54) 7 Wspl. 1 Malter 9 Schfl. 2 Viertel 3 Metzen in Wspl. ausdrücken.
55) 7 Wspl. 1 Malter 9 Schfl. 2 Viertel 3 Metzen in Maltern ausdrücken.
56) 7 Wspl. 1 Malter 9 Schfl. 2 Viertel 3 Metzen in Schfln.
57) 7 Wspl. 1 Malter 9 Schfl. 2 Viertel 3 Metzen in Vierteln ausdrücken.

Man soll die mehrfach benannte Zahl

58) 7 Wspl. 1 Malter 9 Schfl. 2 Viertel 3 Metzen in Metzen ausdrücken.

Man soll die einfach benannte Zahl

59) $5\frac{2}{15}$ Jahr in Jahren, Monaten und Tagen ausdrücken.

60) $\frac{5}{7}$ Fuder in Oxhoften, Ohmen, Eimern, Ankern und Quarten ausdrücken.

61) $\frac{5}{8}$ Eimer in Ankern u. Quarten ausdrücken.

62) $7\frac{9}{11}$ Stunden in Stunden, Minuten und Sekunden ausdrücken.

63) $9\frac{11}{13}$ Pfund in Pfunden, Lothen und Quentchen ausdrücken.

64) $6\frac{7}{13}$ Ruthen in Ruthen, Fußen, Zollen und Linien ausdrücken.

Man soll die einfach benannte Zahl

65) $1\frac{13}{16}$ Hufen in Hufen, Morgen, Q.Ruthen u. Q.Fußen ausdrücken.

66) 9166 Metz. in Wspln., Maltern, Schfln., Vierteln und Metzen ausdrücken.

67) 4567 Quart in Gebräuden, Kuxen, Fässern, Tonnen, Oehmchen u. Quarten ausdrücken.

68) $104134028\frac{1}{2}$ Sekunden in Jahren, Monaten, Tagen, Stunden, Minuten und Sekunden ausdrücken.

69) $58347\frac{1}{2}$ Quentchen in Centnern, Pfunden, Lothen und Quentchen ausdrücken.

70) $2456878\frac{1}{2}$ Sekunden in Wochen, Tagen, Stunden, Minuten und Sekunden ausdrücken.

71) Es sollen die mehrfach gleichbenannten Zahlen 3 Ruthen 6 Fuß 2 Zoll, 5 Ruthen 3 Fuß 4 Zoll, 8 Ruthen 2 Fuß 5 Zoll und 5 Ruthen 4 Fuß 3 Zoll addirt werden.

72) Es sollen die mehrfach gleichbenannten Zahlen 7 Thlr. 22 Gr. 9 Pf., 18 Thlr. 13 Gr. 6 Pf., 5 Thlr. 20 Gr. 7 Pf., 24 Thlr. 12 Gr. 3 Pf., 9 Thlr. 18 Gr. 4 Pf. und 30 Thlr. 18 Gr. 4 Pf. addirt werden.

73) Es sollen die mehrfach gleichbenannten Zahlen 4 Hufen 12 Morgen 100 Q.Ruthen 112 Q.Fuß, 3 Hufen 20 Morgen 94 Q.Ruthen 82 Q.Fuß, 2 Hufen 24 Morgen 83 Q.Ruthen 71 Q.Fuß, 1 Hufe 16 Morgen 70 Q.Ruthen 63 Q.Fuß, 5 Hufen 8 Morgen 61 Q.Ruthen 50 Q.Fuß und 6 Hufen 4 Morgen 50 Q.Ruthen und 42[illegible] Q.Fuß addirt werden.

74) Es sollen die mehrfach gleichbenannten Zahlen 2 Wspl. 20 Schfl. 8 Mtz., 13 Wspl. 16 Schfl. 10 Mtz., 4 Wspl. 12 Schfl. 14 Mtz., 25 Wspl. 21 Schfl. 6 Mtz., 6 Wspl. 17 Schfl. 3 Mtz. und 37 Wspl. 13 Schfl. 15 Mtz. addirt werden.

75) Es sollen die mehrfach gleichbenannten Zahlen

7	Jahr	10	Mon.	20	Tage	8	Stund.	30	Min.	40	Sek.	
18	"	6	"	25	"	16	"	42	"	54	"	
9	"	11	"	17	"	23	"	56	"	32	"	
20	"	3	"	6	"	9	"	12	"	15	"	
1	"	9	"	13	"	21	"	25	"	28	"	
32	"	8	"	29	"	4	"	9	"	7	"	addirt werden.

76) Man soll die mehrfach gleichbenannten Zahlen

15 Centner	95 Pfund	28 Loth	3 Quentchen
26 "	106 "	31 "	2 "
37 "	82 "	19 "	1 "
48 "	75 "	8 "	2 "
59 "	64 "	20 "	3 "
60 "	52 "	16 "	2 "

addiren.

77) Es sollen die mehrfach gleichbenannten Zahlen 5 Thlr. 8 Gr. $6\frac{1}{2}$ Pf., 18 Thlr. 16 Gr. $3\frac{3}{5}$ Pf., 102 Thlr. 23 Gr. $11\frac{1}{6}$ Pf., 2310 Thlr. 15 Gr. $7\frac{2}{3}$ Pf., 123 Thlr. 7 Gr. $10\frac{1}{4}$ Pf., 45 Thlr. 10 Gr. $8\frac{4}{7}$ Pf., 1 Thlr. 2 Gr. $3\frac{3}{8}$ Pf. addirt werden.

78) Man soll die mehrfach gleichbenannten Zahlen

1 Hufe	20 Morgen	130 Q.Ruthen	$140\frac{1}{6}$ Q.Fuß
23 "	15 "	75 "	$65\frac{5}{18}$ "
408 "	29 "	179 "	$143\frac{2}{9}$ "
50 "	1 "	2 "	$3\frac{1}{3}$ "
9 "	8 "	7 "	$6\frac{7}{24}$ "

addiren.

79) Man soll von der mehrfach benannten Zahl

	25 Wspl.	15 Schfl.	1 Viertel	2 Mtz.
die mehrfach gleichbenannte	18 "	20 "	3 "	1 "

subtrahiren.

80) Man soll von der mehrfach benannten Zahl

	6 Huf.	18 Morg.	99 Q.Ruth.	105 Q.Fuß.
die mehrfach gleichben.	3 "	25 "	82 "	136 "

subtrahiren.

81) Man soll von der benannten Zahl

	1004 Thlr.	— Gr.	— Pf.
die mehrfach gleichbenannte	815 "	7 "	8 "

subtrahiren.

82) Man soll von der mehrfach benannten Zahl

	9 Fuder	4 Ohm	3 Anker	— Quart
die mehrfach gleichben.	5 "	4 "	3 "	6 "

subtrahiren.

83) Man soll von der mehrfach benannten Zahl

	3 Jahr	— Woch.	5 Tage	— St.	25 Min.	— Sek.
d. mehrf. gleichb.	1 "	36 "	5 "	18 "	57 "	2 "

subtrahiren.

84) Man soll von der mehrfach benannten Zahl

	6 Jahr	3 Mon.	27 Tage	$20\frac{3}{14}$ Stunden
die mehrf. gleichben.	2 "	5 "	16 "	$7\frac{1}{2}$ "

subtrahiren.

85) Man soll von der mehrfach benannten Zahl

	7031 Thlr.	— Gr.	$8\frac{2}{3}$ Pf.	
die mehrfach gleichbenannte	1234 "	5 "	$6\frac{4}{5}$ "	subtrah.

86) Man soll von der mehrfach benannten Zahl
46 Jahr 10 Woch. 5 Tage 4 Stund.
die mehrfach gleichben. 23 " 15 " 7 " 2 "
subtrahiren.

87) Jemand wurde am 5. November 1694 geboren, und starb 1776 den 20. Januar; wie alt ist er geworden?

88) Jemand starb 1815 den 7. November in einem Alter von 36 Jahren 7 Monaten und 5 Tagen; in welchem Jahre ward er geboren?

Man soll die mehrfach benannte Zahl

89) 15 Ruth. 6 Fuß 2 Zoll 3 Linien mit 8 multipliciren.

90) 78 Huf. 26 Morgen 162 Q.Ruth. 134 Q.Fuß mit 9 multipliciren.

91) 16 Fuder 3 Oxhoft 1 Ohm 1 Eimer 1 Anker 28 Quart mit 27 multipliciren.

92) 13579 Thlr. 18 Gr. $9\frac{7}{15}$ Pf. mit 6 multipliciren.

93) 12 Jahr 4 Monat 25 Tage 18 Stunden 48 Minuten mit $6\frac{2}{3}$ multipliciren.

94) 1020 Thlr. 17 Gr. 10 Pf. mit $3\frac{3}{8}$ multipliciren.

95) 35 Wspl. 8 Schfl. $9\frac{3}{20}$ Mtz. mit $\frac{4}{7}$ multipliciren.

96) 4 Ballen 5 Rieß 6 Buch $7\frac{8}{11}$ Bogen Schreibpapier mit $5\frac{1}{3}$ multipliciren.

97) 13 Thlr. 8 Gr. 5 Pf. mit $13\frac{1}{2}$ multipliciren.

Es soll die mehrfach benannte Zahl

98) 1020306 Thlr. 15 Gr. 7 Pf. durch 5 dividirt werden.

99) 400607 Ruth. 7 Fuß 5 Zoll 8 Lin. durch 4 dividirt werden.

Es soll die mehrfach benannte Zahl

100) 1020 Wspl. 1 Malter 8 Schefl. 3 Viertel 2 Metzen durch 16 dividirt werden.

101) 304 Fuder 2 Oxhoft — Ohm 1 Eimer — Anker 24 Quart durch 24 dividirt werden.

102) 1020304 Thlr. 15 Gr. $6\frac{1}{4}$ Pf. durch 9 dividirt werden.

103) 3 Jahr 4 Monat 5 Tage 6 Stund. 7 Minut. durch $\frac{3}{8}$ dividirt werden.

104) 5 Centner 106 Pfund 17 Loth 3 Quentchen. durch $\frac{4}{5}$ dividirt werden.

105) 109 Thlr. 20 Gr. 8 Pf. durch $6\frac{2}{3}$ dividirt werden.

106) 506 Centner 105 Pfund 16 Loth 2 Quentchen durch $9\frac{1}{2}$ dividirt werden.

107) 9010 Jahr 23 Wochen 4 Tage $15\frac{7}{10}$ Stunden durch $7\frac{1}{2}$ dividirt werden.

108) 13 Jahr 11 Wochen 5 Tage 11 Stunden 12 Minuten 14 Sekunden durch $1\frac{1}{2}$ dividirt werden.

Resultate dieser Uebungsbeispiele.

1) 38 Thlr., 2) 95 Thlr., 3) 15 Thlr., 4) 389 Fuder, 5) 25 Jahr, 6) 27 Jahr, 7) 1804 den 6. März, 8) 32 Tonnen, 9) 39 Wochen, 10) 71604 Centner, 11) 72 Centner, 12) $4\frac{2}{3}$ Schock, 13) 226 Ballen, 14) 40512 Schock, 15) 190042 Dutzend, 16) 3000 Gr., 17) 2472 Fuß, 18) 510 Morgen, 19) 39 Oxhoft,

20) 183 Monat, 21) 2904 Pfund, 22) 237 Bogen, 23) 912 Gr., 24) 132 Zoll, 25) $11\frac{1}{6}$ Gr., 26) 69 Eimer, 27) $71\frac{1}{2}$ Monat, 28) 234 Ruthen, 29) 15 Schfl., 30) $567\frac{1}{12}$ Stunde, 31) $1234\frac{17}{24}$ Thlr., 32) 29633 Gr., 33) $3456\frac{2}{3}$ Hufen, 34) 103700 Morgen, 35) $5678\frac{3}{4}$ Fuder, 36) 22715 Oxhoft, 37) $7890\frac{1}{2}$ Jahr, 38) 410306 Wochen, 39) $9012\frac{4}{5}$ Ballen, 40) 90128 Rieß, 41) $13\frac{19}{192}$ Ruthen, 42) $157\frac{3}{16}$ Fuß, 43) $1886\frac{1}{4}$ Zoll, 44) $3\frac{13}{24}$ Jahr, 45) $42\frac{1}{2}$ Monat, 46) 1275 Tage, 47) $15\frac{17}{48}$ Thlr., 48) $368\frac{1}{2}$ Gr., 49) 4422 Pf., 50) $2\frac{4081}{21600}$ Hufen, 51) $65\frac{481}{720}$ Morgen, 52) $11820\frac{1}{4}$ Q.Ruthen, 53) 1702116 Q.Fuß, 54) $7\frac{347}{384}$ Wspl., 55) $15\frac{155}{192}$ Malter, 56) $189\frac{11}{16}$ Schfl., 57) $758\frac{3}{4}$ Viertel, 58) 3035 Metzen, 59) 5 Jahr 1 Monat 18 Tage, 60) 2 Oxhoft 1 Ohm 1 Anker $4\frac{4}{7}$ Quart, 61) 1 Anker 8 Quart, 62) 7 Stunden 49 Minuten $5\frac{5}{11}$ Sekunden, 63) 9 Pfund 27 Loth $\frac{4}{13}$ Quentchen, 64) 6 Ruthen 6 Fuß 5 Zoll $6\frac{6}{13}$ Linien, 65) 1 Hufe 24 Morgen 67 Q.Ruthen 72 Q.Fuß, 66) 23 Wspl. 1 Malter 8 Schfl. 3 Viertel 2 Metzen, 67) 1 Gebräude 2 Kuxen 1 Faß 1 Tonne 2 Oehmchen 7 Quart, 68) 3 Jahr 4 Monat 5 Tage 6 Stunden 7 Minuten $8\frac{1}{2}$ Sekunden, 69) 4 Centner 15 Pfund 26 Loth $3\frac{1}{2}$ Quentchen, 70) 4 Wochen 10 Stunden 27 Minut. $58\frac{1}{2}$ Sek., 71) 22 Ruth. 4 Fuß 2 Zoll, 72) 97 Thlr. 9 Gr. 9 Pf., 73) 23 Huf. 26 Morg. 100 Q.Ruth. 132 Q.Fuß, 74) 91 Wspl. 6 Schfl. 8 Metzen, 75) 91 Jahr 2 Monat 23 Tage 11 Stunden 56 Minuten 56 Sekunden, 76) 249 Centner 37 Pfd. 29 Loth 1 Quentch., 77) 2607 Thlr. 13 Gr. $3\frac{229}{840}$ Pf., 78) 493 Hufen 15 Morgen 35 Q.Ruthen $70\frac{7}{24}$ Q.Fuß, 79) 6 Wspl. 18 Schfl. 2 Viertel 1 Metz., 80) 2 Hufen 23 Morgen 16 Q.Ruthen 113 Q.Fuß, 81) 188 Thlr. 16 Gr. 4 Pf., 82) 3 Fuder 5 Ohm 3 Anker 26 Quart, 83) 1 Jahr 15 Wochen 6 Tage 5 Stunden 27 Minuten 58 Sekunden, 84) 3 Jahr 10 Monat 11 Tage $12\frac{5}{7}$ Stunden, 85) 5796 Thlr. 19 Gr. $1\frac{13}{16}$ Pf., 86) 22 Jahr 46 Wochen 5 Tage 2 Stunden, 87) 81 Jahr 2 Monat 15 Tage, 88) 1779 den 2 April, 89) 124 Ruthen 1 Fuß 6 Zoll, 90) 710 Hufen 2 Morgen 26 Q.Ruthen 54 Q.Fuß, 91) 461 Fuder — Oxhoft 1 Ohm — Eimer — Anker 20 Quart, 92) 81478 Thlr. 16 Gr. $8\frac{4}{5}$ Pf., 93) 82 Jahr 8 Monat 11 Tage 21 Stunden 20 Minuten, 94) 3445 Thlr. — Gr. $2\frac{1}{4}$ Pf., 95) 20 Wspl. 4 Schfl. $14\frac{13}{35}$ Metzen, 96) 24 Ballen 1 Rieß 13 Buch $17\frac{7}{33}$ Bogen, 97) 180 Thlr. 5 Gr. $7\frac{1}{2}$ Pf., 98) 204061 Thlr. 7 Gr. 11 Pf., 99) 100151 Ruthen 10 Fuß 10 Zoll 5 Linien, 100) 63 Wspl. 1 Malter 7 Scheffel 1 Viertel $\frac{7}{8}$ Metze, 101) 12 Fuder 2 Oxhoft 1 Ohm — Eimer — Anker $19\frac{2}{3}$ Quart, 102) 113367 Thlr. 4 Gr. $4\frac{25}{36}$ Pf., 103) 8 Jahr 11 Monat 4 Tage — Stund. $18\frac{2}{3}$ Min., 104) 7 Centner 50 Pfund 22 Loth $\frac{3}{4}$ Quentchen, 105) 16 Thlr. 11 Gr. 6 Pf., 106) 53 Centner 40 Pfund 1 Loth $2\frac{18}{19}$ Quentchen, 107) 1201 Jahr 20 Wochen 3 Tage $10\frac{7}{75}$ Stunden, 108) 8 Jahr 42 Wochen 3 Tage 15 Stunden 28 Minuten $9\frac{1}{3}$ Sekunden.

VII.

Uebungsbeispiele zum siebenten Kapitel.

---

1) Wenn 3 Buch Papier 6 Gr. kosten, was gelten 773 Buch?

2) Wenn 1 Schock Eier 18 Gr. kosten, was gelten 32 Schock 5 Stück?

3) Wenn 2 Centner 7 Thlr. kosten, was gelten $2\frac{2}{7}$ Centner?

4) $6\frac{2}{5}$ Pfund kosten $8\frac{5}{7}$ Thlr., was gelten $2\frac{7}{15}$ Pfund?

5) Was kosten $3\frac{2}{7}$ Ellen, wenn $\frac{1}{2}$ Elle $\frac{3}{4}$ Thlr. gilt?

6) $6\frac{2}{5}$ Ohm kosten $115\frac{2}{7}$ Thlr., was gelten $2\frac{2}{5}$ Eimer?

7) Wie viel Thlr. kosten 5 Morgen, wenn 32 Q.Ruth. $80\frac{1}{5}$ Thlr. gelten?

8) Wie viel Fuder Wein erhält man für $3500\frac{1}{2}$ Thlr., wenn 1 Ohm $20\frac{1}{2}$ Thlr. kostet?

9) Wenn man für 250 Thlr. 25 Ohm Wein erhält, was kostet alsdann 1 Quart?

10) Wenn 2 Centner 15 Pfund 20 Loth 2 Quentchen 15 Thlr. 8 Gr. 6 Pf. kosten, was gelten alsdann 3 Centner 35 Pfund 12 Loth 1 Quentchen?

11) Wenn 3 Wspl. 6 Schfl. 12 Metzen 10 Thlr. 18 Gr. 9 Pf. kosten, was kommen alsdann 9 Wspl. 16 Schfl. 14 Metzen zu stehen?

12) Wenn 6 Fuder 2 Ohm 3 Anker 24 Quart 11 Thlr. 16 Gr. 10 Pf. kosten, was gelten alsdann 4 Fuder 1 Ohm 2 Anker 20 Quart?

13) Wenn man für 2 Thlr. 21 Gr. 4 Pf. 1 Centner 2 Pfund 4 Loth 3 Quentchen erhält, wie viel bekommt man für 6 Thlr. 15 Gr. 2 Pf.?

14) Wenn der Scheffel Roggen $22\frac{1}{2}$ Gr. gilt, und ein Groschenbrot $2\frac{3}{16}$ Pfund wiegt; wie viel Pfund wird ein Groschenbrot wiegen müssen, wenn der Scheffel Roggen $18\frac{1}{2}$ Gr. kostet?

15) Zu einer Kleidung sind 6 Ellen $\frac{7}{4}$ breites Tuch nöthig, wie viel Ellen $\frac{9}{4}$ breites Tuch würde man dazu gebrauchen?

16) Ein Garten, der 100 Fuß lang und 50 Fuß breit ist, kostet 150 Thlr.; wie viel wird hiernach ein Garten kosten, welcher 80 Fuß lang und 20 Fuß breit ist?

17) Von einem Vorrathe können 20 Mann 12 Tage erhalten werden, wenn jeder Mann täglich 2 Pfund desselben erhält; wie lange werden 30 Mann mit diesem Vorrathe ausreichen, wenn jeder Mann täglich $1\frac{2}{3}$ Pfund davon bekommt?

18) Für 60 Stück Ochsen werden auf 90 Tage zu weiden $180\frac{2}{5}$ Thlr. bezahlt; wie viel Stück Ochsen können demgemäß für 451 Thlr. 20 Tage lang weiden?

19) Einer hat einen Getreideboden, 40 Fuß lang, 20 Fuß breit, auf

auf den er 180 Schfl. Roggen aufschütten kann; wie viel Schfl. wird er, unter denselben Bedingungen, auf einen andern Getreideboden aufschütten können, der $25\frac{1}{2}$ Fuß lang und $10\frac{2}{3}$ Fuß breit ist.

20) 6 Arbeiter mähen in 8 Tagen einen Acker Hafer ab, welcher 900 Ruthen lang und $30\frac{2}{3}$ Ruthen breit ist; wie lang ist nun ein Acker Hafer, der 40 Ruthen breit ist und in $9\frac{1}{2}$ Tagen von 7 Arbeitern abgemäht werden kann?

21) 5 Mäher mähen in einer bestimmten Zeit eine Wiese, die 100 Ruthen lang und $90\frac{2}{3}$ Ruthen breit ist; wie viel Mäher werden zu einer andern Wiese erfordert, die 904 Ruthen lang und 16 Ruthen breit ist, wenn sie in eben der Zeit, wie die ersteren, ihre Arbeit vollenden sollen?

22) Wie breit muß ein Stück Zeug sein, welches 36 Ellen enthält $22\frac{1}{3}$ Thlr. kostet, wenn ein anderes Stück Zeug, welches 40 Ellen enthält und $\frac{3}{4}$ breit ist, $60\frac{2}{3}$ Thlr. gilt?

23) Ein Tapetenmacher rechnet zur Bekleidung einer Wand, die 45 Ellen lang und 20 Ellen breit ist, $309\frac{1}{3}$ Ellen 3 Ellen breites Zeug; hat er zu viel oder zu wenig gerechnet?

24) 180 Morgen Acker können mit 6 Pflügen in 11 Tagen gepflügt werden; wie viel Tage sind zu 300 Morgen mit 12 Pflügen nöthig?

25) 5 Mäher bekommen für 14 Tage 8 Thlr. 18 Gr. Arbeitslohn; wie lange werden demnach 9 Mäher für 31 Thlr. 12 Gr. arbeiten müssen?

26) Für 48 Ochsen werden auf 100 Tage 320 Thlr. Weidegeld bezahlt; wie viel Ochsen können demnach 60 Tage lang für 480 Thlr. geweidet werden?

27) Wie lange müssen 1200 Thlr. Kapital zu $4\frac{1}{4}$ % ausgeliehen werden, um 280 Thlr. Zinsen zu tragen?

28) 100 Thaler geben in 1 Jahre $4\frac{1}{8}$ Thlr. Zins; wie lange müssen 48000 Thlr. ausstehen, um 3600 Thlr. Zins abzuwerfen?

29) Wenn ein Kapital von 2100 Thlrn. in 8 Jahren 960 Thlr. Zins einbringt, wie viel müßte dann ein Kapital von 6000 Thlrn. in $1\frac{1}{2}$ Jahr abwerfen?

30) Man ist für ein Kapital von 6000 Thlrn. seit 5 Jahren die Zinsen schuldig geblieben, und bezahlt am Ende dieser Zeit 200 Thlr.; zu wie viel % ist das Kapital verzinset worden?

31) Wenn 20 Arbeiter, welche täglich 6 Stunden arbeiten, in 12 Wochen 100 Thlr erhalten, wie lange kann man 24 Arbeiter, welche täglich 8 Stunden arbeiten sollen, mit 180 Thlr. erhalten?

32) Mit 2 Pflügen können in 3 Tagen, den Tag zu 8 Stunden gerechnet, 9 Morgen Acker umgelegt werden; in wie viel Tagen wird man demnach mit 135 Morgen fertig werden, wenn 10 Pflüge täglich 12 Stunden lang getrieben werden?

33) Von 36 Arbeitern, welche täglich 8 Stunden angestellt wurden,

wurde in 40 Tagen ein Graben vollendet, der 720 Fuß lang, 4 Fuß tief war und dessen mittlere Breite 8½ Fuß betrug; wie viel Kubikfuß würde hiernach jeder Arbeiter täglich ausgraben, wenn er täglich 10 Stunden angestellt würde?

34) Jemand legt in 3 Tagen, den Tag zu 6 Stunden gerechnet, 15 Meilen zurück; wie viel Tage, den Tag zu 8 Stunden gerechnet, wird derselbe gebrauchen, um 50 Meilen zu gehen, wenn er in beiden Fällen mit gleicher Geschwindigkeit sich bewegt.

35) Um 7 Stück Vieh 25 Wochen lang zu erhalten, braucht man 20 Schfl. Getreide; wie viel Getreide hat man aber nöthig, um 9 Stück Vieh 65 Wochen lang zu erhalten?

36) Ein Saal, der 250 Fuß lang und 120 Fuß breit ist, kann mit 800 Fliesen belegt werden; wie viel Fliesen gebraucht man zu einem Saale, der 190 Fuß lang und 90 Fuß breit ist?

37) Auf einem Speicher, welcher 30 Fuß lang und 20 Fuß breit ist, sind 20 Last Korn aufgeschüttet; wie viel Last Korn wird man demnach auf einen Speicher von 22 Fuß Länge und 15 Fuß Breite aufschütten können, wenn in beiden Fällen das Korn gleich hoch zu liegen kommt?

38) 20 Weber machen in 50 Tagen 30 Stück Leinwand; wie lange werden 45 Weber an 216 Stücken arbeiten müssen?

39) 20 Arbeiter machen in 8 Wochen, die Woche zu sechs Tagen und den Tag zu 9 Stunden gerechnet, einen Graben; in wie viel Wochen, die Woche zu 5 Tagen und den Tag zu 8 Stunden gerechnet, werden 14 Arbeiter den nämlichen Graben vollenden?

40) Wenn für Kapital und Zinsen zu 5 % nach 2 Jahren 6 Monaten 1147 Thlr. 12 Gr. bezahlt werden müssen, wie groß ist das Kapital?

41) Wie groß wird ein Kapital sein müssen, welches in 4 Jahren 9 Monaten 10 Tagen 700 Thlr. 15 Gr. 10 Pf. Zinsen abwirft, wenn 100 Thlr. Kapital jährlich 5 Thlr. 13 Gr. 4 Pf. Zinsen geben?

42) Zu wie viel Procenten ist ein Kapital von 521 Thlrn. 18 Gr. 8 Pf. ausgeliehen, wenn dasselbe in 9 Jahren 4 Monaten 15 Tagen 300 Thlr. 6 Gr. 9 Pf. Zins einbringt?

43) Wie lange ist ein Kapital von 654 Thlrn. 9 Gr. 4 Pf. ausgeliehen, wenn es in dieser Zeit 218 Thlr. 3 Gr. 1½ Pf. Zins abwirft und 100 Thlr. Kapital jährlich 4 Thlr. 5 Gr. 3 Pf. Zinsen geben?

44) Wie viel Berliner Ellen gehen auf 1000 Brabanter Ellen, wenn die Brabanter Elle 306⅛ und die Berliner Elle 295⅜ französische Linien enthält?

45) Wie viel Pfund Sterling zu London kosten 20000 Pfund Waare Magdeburger Gewicht, wenn 104 Pfund Magdeburger Gewicht 100 Pfund zu Paris, 100 Pfund zu Paris 102⅗ Ecu, 1 Ecu

aber 29 Pfennig Sterling zu London und 240 Pfennig Sterling 1 Pfund Sterling betragen?

46) Wie viel Rees zu Lissabon kosten 80 Pfund einer gewissen Waare, wenn 1 Pfund dieser Waare 6 Gulden zu Frankfurt a. M., $1\frac{1}{2}$ Guld. aber 1 Thlr., 76 Thlr. zu Frankfurt a. M. 300 **Livres** zu Paris, 3 **Livres** zu Paris $28\frac{3}{4}$ Pfennig Sterling zu London, 12 Pfennig Sterling 1 Schilling Sterling und 5 Schilling Sterling zu London 1000 Rees zu Lissabon betragen?

47) Wie viel Thlr. Breslauer Banko betragen 100 Thlr. Hamburger Banko, wenn 1 Thlr. Hamburger Banko 48 Schilling Lübisch und $41\frac{7}{16}$ Schilling Lübisch 1 Thlr. Breslauer Banko ausmachen?

48) Wie viel Thlr. Conventions-Courant zu Leipzig erhält man für 1 Piaster zu Constantinopel, wenn 1 Piaster 40 Paras, 43 Paras 1 Gulden holländisch Courant zu Amsterdam, 1 Gulden holländisch Courant 20 Stüber und $36\frac{9}{16}$ Stüber 1 Thlr. Conventions-Courant zu Leipzig betragen?

49) Einer kauft für $1250\frac{7}{8}$ Thlr. Waare und verkauft dieselbe wieder zu $1375\frac{1}{8}$ Thlr.; wie viel % hat er bei diesem Handel gewonnen?

50) Man erhält für 5 Centner Waare 600 Thlr. und hat 10 % daran gewonnen; zu wie viel Thlrn. hat man diese Waare eingekauft?

51) Zu wie viel Thlrn. müssen 12 Ellen Leinwand verkauft werden, wenn 1 Elle im Einkaufe $\frac{1}{4}$ Thlr. kostet und 8 % gewonnen werden sollen?

52) Jemand kauft für 200 Thlr. Waare und verkauft dieselbe wieder zu $150\frac{1}{2}$ Thlr.; wie viel % hat er an dieser Waare verloren?

53) Man verkauft 8 Centner Waare für $200\frac{1}{2}$ Thlr. und hat $7\frac{1}{5}$ % daran verloren; zu wie viel Thlrn. hat man diese Waare eingekauft?

54) Man kauft 14 Pfund Zucker für 3 Thlr. und verkauft diesen Zucker wieder mit 8 % Verlust; wie viel wird man dafür erhalten?

55) Wie viel Thlr. kosten 10 Fässer Waare, welche Brutto 500 Pfund wogen, wenn 1 % Gutgewicht und 8 % Tara gerechnet werden sollen, und 1 Pfund Netto $\frac{2}{5}$ Thlr. gilt?

56) Wie viel Pfund Sterling kosten 5 Ballen Baumwolle, welche Brutto 600 Pfund wogen, wenn $1\frac{1}{4}$ % Gutgewicht und 7 % Tara gerechnet werden sollen, und 1 Pfund Netto $\frac{1}{120}$ Pfund Sterling gilt?

Einer kauft eine Handschrift von 600 Thlrn., welche erst nach
57) $2\frac{1}{2}$ Jahren zu zahlen fällig ist, mit $5\frac{2}{7}$ % Rabatt; wie viel muß er sogleich zahlen?

58) Wie viel Thlr. kosten 3 Fässer Zucker, welche Brutto 500 Pfd. wogen, wenn 1 % Gutgewicht und 10 % Tara gerechnet werden sollen, und 100 Pfund Netto 46 Thlr. mit 5 % Rabatt gelten?

59) Wie viel Thlr. kosten 3000 Pfund Kaffe, wenn 1 pC Gutgewicht und 8 pC Tara gerechnet werden sollen, und 1 Pfund Netto $\frac{1}{8}$ Thlr. mit 6 pC Rabatt gilt?

60) Wie viel Thlr. kosten 150 Pfund Mehl, wenn 1 pC Gutgewicht und $5\frac{3}{8}$ pC Tara gerechnet werden, und 1 Pfund Netto 2 Gr. kostet?

61) Wie viel Mark Lübisch zu Hamburg kostet eine gewisse Quantität Waare, welche Brutto 3000 Pfund wog, wenn 2 pC Gutgewicht und 8 pC Tara gerechnet werden, 100 Pfund Netto aber $8\frac{1}{5}$ Pfund Sterling zu London, 1 Pfund Sterling zu London $34\frac{1}{2}$ Schilling Vlämisch zu Hamburg, $2\frac{2}{3}$ Schilling Vlämisch 3' Mark Lübisch zu Hamburg betragen und außerdem 10 pC Rabatt gerechnet werden sollen?

62) Es hat A. von dem entfernt wohnenden B. 1000 Thlr. zu fordern, und bittet denselben, ihm sein Guthaben mit der Post zu übersenden, jedoch die $2\frac{1}{2}$ pC Transportkosten sogleich abzuziehen, und ihm das Uebrige frei zu überschicken; wie viel wird B. dem A. frei zusenden müssen?

63) Wenn ein Deßauer Kaufmann $500\frac{1}{2}$ Thlr. für einen Pariser Freund eingetrieben hat und ihm diese Summe unter der Bedingung übersenden soll, zuerst die $1\frac{1}{4}$ pC Transportkosten abzuziehen, so frägt es sich, wie viel der Deßauer frei nach Paris zu senden habe?

64) Wie viel Mariengroschen in Kassengeld kosten von einer gewissen Waare 3 Loth Braunschweiger Gewicht, wenn 830 Pfd. Braunschweiger Gewicht 784 Pfund Amsterdamer betragen, 380 Pfd. Amsterdamer Gewicht mit $26\frac{1}{2}$ Thlr. in Golde bezahlt, 15 Thlr. Gold gleich 14 Thlr. Kassengeld gerechnet werden und 36 Mariengroschen auf 1 Thlr. gehen?

65) Zu einer Mauer, die 10 Fuß tief unter der Erde, $15\frac{1}{2}$ Ellen, hoch über der Erde, $40\frac{2}{5}$ Fuß lang und $2\frac{1}{7}$ Fuß dick war, sind 12000 Stück Steine verbraucht worden; wie lang wird nun eine andere Mauer sein müssen, zu der 50000 Stück Steine bestimmt sind, und die $9\frac{2}{5}$ Fuß tief unter der Erde, $32\frac{1}{2}$ Elle hoch über der Erde und $5\frac{3}{14}$ Fuß dick werden soll?

66) Zu wie viel pC ist ein Kapital ausgeliehen, welches in 5 Jahren 620 Thlr. Zins abwirft, wenn dieses nämliche Kapital zu 6 pC in 7 Jahren 700 Thlr. Zins einbringt?

67) Wie viel Jahre muß ein Kapital, welches 500 Thlr. Zins abwirft, zu 6 pC ausgeliehen werden, wenn dieses Kapital zu 4 pC in 5 Jahren 400 Thlr. Zins einbringt?

68) E. leiht dem F. ein Kapital von 500 Thlrn. auf 5 Jahre. Nach Ablauf dieser Zeit spricht E. den F. selbst um 800 Thlr. an; es frägt sich, wie lange F. dem E. dieses Geld lassen könne, damit weder der Eine, noch der Andere Zinsen zu bezahlen habe?

69) V. leiht dem W. ein Kapital von 700 Thlrn. zu $4\frac{2}{5}$ pC auf

5 Jahre. Nach Ablauf dieser Zeit borgt aber **W.** dem **V.** ein Kapital von 400$\frac{2}{5}$ Thlrn. zu 4$\frac{1}{7}$ %; es frägt sich nun, wie lange **V.** dieses Geld behalten könne, damit weder der Eine, noch der Andere etwas bei dem Geschäfte verliere?

70) Wenn ein Dukaten in Louisd'or 2 Thlr. 21 Gr. und in Pr. Courant 3 Thlr. 4 Gr. gilt. wie hoch ist alsdann das Agio der Louisd'or gegen Preuß. Courant?

71) 24 Pferde pflügen in 2 Stunden einen Acker von 480 Q.Ruthen, in wie viel Stunden werden demnach 60 Pferde einen Acker von 860 Q.Ruthen pflügen?

72) 12 Arbeiter machen in 1 Woche, die Woche zu 6 Tagen gerechnet, einen 54 Fuß langen, 4 Fuß breiten und 1 Fuß tiefen Graben; wie viel Arbeiter vollenden demgemäß in 18 Wochen, die Woche zu 5 Tagen gerechnet, einen 90 Fuß langen, 9 Fuß breiten und eben so tiefen Graben?

73) In viel Tagen werden 2 Arbeiter eine Arbeit fertigen, wenn 3 Arbeiter in 5 Tagen eine gleiche Arbeit unter denselben Umständen zu Stande bringen?

74) 90 Mann verzehren in 5 Monaten, wenn Jeder des Tages 2 Pfund bekommt, einen Proviant; wie viel Pfund wird Jeder täglich erhalten, wenn 200 Mann 18 Monate lang mit dem nämlichen Proviante ausreichen sollen?

Resultate dieser Uebungsbeispiele.

1) 64 Thlr. 10 Gr., 2) 24 Thlr. 1 Gr. 6 Pf., 3) 1 Thlr., 4) 3$\frac{241}{672}$ Thlr., 5) 4$\frac{13}{14}$ Thlr., 6) 21$\frac{9}{14}$ Thlr., 7) 2255$\frac{5}{8}$ Thlr., 8) 28$\frac{113}{246}$ Fuder, 9) $\frac{5}{64}$ Thlr., 10) 23 Thlr. 19 Gr. 4$\frac{331}{457}$ Pf., 11) 31 Thlr. 21 Gr. 1$\frac{13}{14}$ Pf., 12) 7 Thlr. 17 Gr. $\frac{325}{623}$ Pf., 13) 2 Centn. 37 Pfund 14 Loth 2$\frac{161}{416}$ Quentchen, 14) 2$\frac{391}{592}$ Pfd., 15) 4$\frac{2}{3}$ Ellen, 16) 48 Thlr., 17) 9$\frac{3}{5}$ Tage, 18) 675 Stück Ochsen, 19) 59$\frac{67}{100}$ Schfl., 20) 947$\frac{5}{8}$ Ruthen lang, 21) 8 Mäher, 22) $\frac{555}{604}$ Ellen, 23) 9$\frac{1}{2}$ Elle zu viel, 24) 9$\frac{1}{6}$ Tag, 25) 28 Tage, 26) 120 Stück Ochsen, 27) 4$\frac{52}{57}$ Jahr, 28) 1$\frac{7}{13}$ Jahr, 29) 514$\frac{2}{7}$ Thlr., 30) $\frac{2}{3}$ %, 31) 13$\frac{1}{2}$ Wochen, 32) 6 Tage, 33) 21$\frac{1}{4}$ Fuß, 34) 7$\frac{1}{2}$ Tage, 35) 66$\frac{6}{7}$ Schfl., 36) 456 Fliesen, 37) 11 Last, 38) 160 Tage, 39) in 15$\frac{3}{7}$ Wochen, 40) 1020 Thlr., 41) 2639 Thlr. 16 Gr. 8$\frac{4}{43}$ Pf., 42) 6$\frac{651}{4996}$ % = 6 Thlr. 3 Gr. 3$\frac{543}{587}$ Pf., 43) 7 Jahr 10 Monat 24$\frac{4}{9}$ Tage, 44) 1036$\frac{646}{739}$ Berl. Ellen, 45) 2379$\frac{19}{39}$ Pfund Sterling, 46) 20175$\frac{22}{57}$ Rees, 47) 115$\frac{185}{221}$ Thlr. Breslauer Banko, 48) $\frac{2569}{5031}$ Thlr. Conventions-Cour., 49) 9$\frac{4063}{4168}$ %, 50) 545$\frac{5}{11}$

Thlr., 51) $3\frac{6}{25}$ Thlr., 52) $24\frac{3}{4}$ %, 53) $215\frac{85}{116}$ Thlr., 54) $2\frac{19}{25}$ Thlr., 55) $182\frac{4}{25}$ Thlr., 56) $4\frac{947}{1600}$ Pfund Sterling, 57) $529\frac{307}{317}$ Thlr., 58) $195\frac{6}{25}$ Thlr., 59) $859\frac{13}{53}$ Thlr., 60) $11\frac{4543}{6400}$ Thlr., 61) $7825\frac{8641}{11000}$ Mark Lübisch, 62) $975\frac{25}{41}$ Thlr., 63) $494\frac{26}{81}$ Thlr., 64) $\frac{163611}{788500}$ Mariengr., 65) $38\frac{1661}{13578}$ Fuß lang, 66) $7\frac{11}{25}$ %, 67) $4\frac{1}{6}$ Jahr, 68) $3\frac{1}{8}$ Jahr, 69) $9\frac{107}{377}$ Jahr, 70) $10\frac{10}{69}$ % Agio, oder für 100 Thlr. Gold erhält man $110\frac{10}{69}$ Thaler Courant, 71) in $1\frac{13}{30}$ Stunde, 72) 3 Arbeiter, 73) in $7\frac{1}{2}$ Tagen, 74) $\frac{1}{4}$ Pfd.

VIII.

Uebungsbeispiele zum neunten Kapitel.

1) Wie viel Zinsen werfen 315 Thlr in 6 Monaten, 513 Thlr. in 7 Monaten, 318 Thlr. in 9 Monaten, 400 Thlr. in 11 Monaten und 600 Thaler in 3 Monaten zu 5 % ab?
2) Wie viel Zinsen bringen $150\frac{1}{5}$ Thlr. in $6\frac{1}{2}$ Monaten, $230\frac{2}{7}$ Thlr. in $5\frac{2}{3}$ Monaten und 300 Thlr. in $8\frac{1}{7}$ Monaten zu $5\frac{3}{7}$ % ein?
3) Wie viel Zinsen geben 300 Thlr. zu 3 %, 400 Thlr. zu 4 % und 600 Thlr. zu 5 % in 9 Monaten?
4) Wie viel Zinsen bringen $200\frac{1}{5}$ Thlr. zu $6\frac{2}{7}$ %, $100\frac{1}{6}$ Thlr. zu $4\frac{2}{3}$ % und $300\frac{2}{9}$ Thlr. zu $4\frac{2}{5}$ % in $3\frac{3}{4}$ Monaten ein?
5) Wie viel Zinsen werfen 600 Thlr. zu 3 % in 4 Monaten, 500 Thlr. zu 2 % in 5 Monaten und 600 Thlr. zu 6 % in 7 Monaten ab?
6) Wie viel Zinsen bringen $315\frac{2}{3}$ Thlr. in $6\frac{2}{7}$ Monaten zu $2\frac{5}{8}$ %, $216\frac{1}{7}$ Thlr. in $3\frac{3}{4}$ Monaten zu $2\frac{2}{5}$ % und $118\frac{1}{6}$ Thlr. in $2\frac{2}{7}$ Monaten zu $5\frac{1}{4}$ % ein?
7) Jemand soll 600 Thlr. in 7 Monaten, 300 Thlr. in 8 Monaten, 400 Thlr. in 9 Monaten und 1000 Thlr. in 3 Monaten bezahlen. Er vereinigt sich aber mit seinem Gläubiger dergestalt, daß er sämmtliche Kapitalien auf einmal abträgt. Zu welcher Zeit muß dies geschehen?
8) Wenn Jemand $236\frac{2}{5}$ Thlr. in $2\frac{1}{7}$ Jahren, $513\frac{2}{5}$ Thlr. in $1\frac{1}{14}$ Jahr und 313 Thlr. in $4\frac{2}{7}$ Jahren zu bezahlen hat, sämmtliche Posten aber auf einmal bezahlen will: so frägt es sich, zu welcher Zeit dies geschehen muß?
9) Jemand soll 600 Thlr. in 2 Monaten zu 6 %, 300 Thlr. in 8 Monaten zu 5 %, 200 Thlr. in 7 Monaten zu 4 % und 800 Thlr. in 9 Monaten zu 3 % entrichten. Er will aber lieber sämmtliche Kapitaline in einem Termine bezahlen. Es frägt sich nun, zu welcher Zeit dies geschehen muß?

10) Wenn Einer $200\frac{2}{5}$ Thlr. in $3\frac{1}{4}$ Monaten zu $2\frac{2}{3}$ %, $110\frac{3}{5}$ Thlr. in $5\frac{1}{9}$ Monaten zu $4\frac{2}{7}$ % und $316\frac{2}{7}$ Thlr. in $4\frac{1}{3}$ Monaten zu $9\frac{4}{5}$ % entrichten soll, aber sämmtliche Posten auf einmal zu bezahlen sich erbietet: in welcher Zeit muß dies geschehen?

11) Es soll Jemand 200 Thlr. zu 2 %, 400 Thlr. zu 3 %, 800 Thlr. zu 4 % und 900 Thlr. zu 5 % entrichten; wie viel wird hiervon der mittlere Zinsfuß sein?

12) Jemand soll 500 Thlr. zu 4 % in 6 Monaten, 300 Thlr. zu 3 % in 7 Monaten, 200 Thlr. zu 5 % in 9 Monaten und 400 Thlr. zu 2 % in 8 Monaten bezahlen; wie viel wird hiervon der mittlere Zinsfuß und der mittlere Zahlungstermin sein?

13) Wenn Jemand $215\frac{5}{7}$ Thlr. zu $2\frac{4}{5}$ % in $6\frac{2}{5}$ Jahren, $138\frac{1}{2}$ Thlr. zu $3\frac{3}{5}$ % in $3\frac{1}{3}$ Jahren und $416\frac{3}{4}$ Thlr. zu $4\frac{4}{5}$ % in $5\frac{1}{6}$ Jahren zu entrichten hat, wie viel wird hiervon der mittlere Zinsfuß und der mittlere Zahlungstermin betragen?

14) Wie viel Zinseszins erhält man von 9000 Thlrn. zu 5 % in 6 Jahren?

15) Wie viel beträgt der Zinseszins von $826\frac{1}{4}$ Thlr. zu $4\frac{4}{5}$ % in 3 Jahren?

Resultate dieser Uebungsbeispiele.

1) $60\frac{143}{240}$ Thlr., 2) $21\frac{327197}{882000}$ Thlr., 3) $41\frac{1}{4}$ Thlr., 4) $9\frac{7507}{14400}$ Thlr., 5) $31\frac{1}{6}$ Thlr., 6) $7\frac{7}{48}$ Thlr., 7) in $5\frac{17}{23}$ Monaten, 8) in $2\frac{19073}{74396}$ Jahren, 9) in $5\frac{49}{83}$ Monaten, 10) in $4\frac{10697}{30810}$ Monaten, 11) $4\frac{1}{26}$ %, 12) $3\frac{5}{14}$ % und $7\frac{8}{47}$ Monat, 13) $4\frac{536}{21587}$ % und $5\frac{348}{3103}$ Jahr, 14) $3060\ \frac{55089}{64000}$ Thlr., 15) $124\ \frac{611263}{781250}$ Thlr.

IX.

Uebungsbeispiele zum zehnten Kapitel.

1) Vier Personen betreiben gemeinschaftlich ein Handelsgeschäft, wozu **A.** 300 Thlr., **B.** 400 Thlr., **C.** 500 Thlr. und **D.** 800 Thlr. hergiebt. Wenn nun diese vier Personen nach Verlauf einer gewissen Zeit 3600 Thlr. gewinnen, wie viel wird alsdann ein Jeder vom Gewinne erhalten?

2) Ein Goldarbeiter will eine Masse von 40 Lothen zusammenschmelzen und dazu 6 Theile Silber und 2 Theile Kupfer nehmen. Wie viel Silber und wie viel Kupfer wird er zu dieser Masse nehmen müssen?

3) Drei Personen, **A.**, **B.** und **C.**, verlieren an einem Handel 1800 Thlr. Wenn nun **A.** 200 Thlr., **B.** 300 Thlr. und **C.** 500 Thaler zu diesem Handel hergegeben hat, wie groß wird alsdann der Verlust eines Jeden sein?

4) Vier Kaufleute geben einem Fuhrmann für 100 Centner Waare 400 Thlr. Fracht. Wenn nun **A.** 10 Centner, **B.** 20 Centner, **C.** 30 Centner und **D.** 40 Centner von dieser Waare erhalten soll, wie viel Fracht wird alsdann ein Jeder bezahlen müssen?

5) Vier Ochsenhändler pachten eine Wiese auf gewisse Zeit für $194\frac{2}{3}$ Thlr. Wenn nun **A.** 20, **B.** 30, **C.** 40 und **D.** 80 Stück Ochsen auf der Weide hat, wie viel Pacht wird alsdann ein Jeder bezahlen müssen?

6) Wenn 4 Kaufleute an einem Handelsgeschäfte $22417\frac{3}{5}$ Thlr. gewinnen und **A.** $200\frac{1}{4}$ Thlr., **B.** $100\frac{1}{5}$ Thlr., **C.** $300\frac{1}{2}$ Thlr. und **D.** $800\frac{3}{20}$ Thlr. zu demselben hergegeben hat, wie viel wird alsdann ein Jeder vom Gewinne erhalten?

7) Drei Personen sollen $78\frac{3}{4}$ Thlr. so unter sich theilen, daß **A.** $\frac{1}{5}$ Theil, **B.** $\frac{3}{7}$ Theil und **C.** $\frac{13}{35}$ Theil erhält; wie viel wird ein Jeder bekommen?

8) Jemand hat 300 Thlr., und darunter fünf mal so viel Münze als Courant; wie viel hat er von jeder Münzsorte?

9) Wenn vier Personen an einem Handel $466\frac{2}{3}$ Thlr. verlieren und **A.** 2 Theile, **B.** 3 Theile, **C.** 4 Theile und **D.** 5 Theile vom Verluste tragen muß, wie viel wird ein Jeder verlieren?

10) Drei Schnitter mähen 66 Garben auf einem Felde. **B.** schneidet drei mal so viel als **A.** und **C.** sechs mal so viel als **B.** Wie viel mähet ein Jeder?

11) Wenn 4 Personen eine Erbschaft so unter sich theilen sollen, daß **B.** drei mal so viel als **A.**, **C.** vier mal so viel als **B.** und **D.** fünf mal so viel als **C.** davon bekommt, **D.** aber für seinen Theil 600 Thlr. erhält: wie groß wird diese Erbschaft sein müssen?

12) Drei Kaufleute vereinigen sich zu einem Handelsgeschäfte dergestalt, daß **A.** 300 Thlr., **B** 400 Thlr. und **C.** 500 Thlr. dazu hergiebt. Wenn nun **A.** sein Geld 2 Monate, **B.** 4 Monate und **C.** 5 Monate in der Handlung stehen läßt, und diese drei Personen in Allem 4700 Thlr. gewinnen, wie viel wird alsdann ein Jeder vom Gewinne erhalten?

13) Drei Personen vereinigen sich zu einem Handelsgeschäfte. **A.** legt 1000 Thlr., **B.** 500 Thlr. und **C.** 300 Thlr. zu demselben ein. Wenn nun **A.** sein Geld 2 Jahre, **B.** 4 Jahre und **C.** 5 Jahre in der Handlung stehen läßt, und diese drei Personen in Allem 11000 Thlr. verlieren, wie viel wird alsdann ein Jeder vom Verluste tragen müssen?

14) Wenn drei Fabrikanten ein Handelsgeschäft gemeinschaftlich mit einander betreiben, so, daß **A.** $235\frac{1}{2}$ Thlr., **B.** $248\frac{1}{4}$ Thlr. und

C. $314\frac{1}{6}$ Thlr. zu demselben hergiebt, A. aber sein Geld $1\frac{1}{3}$ Jahr, B. $2\frac{1}{5}$ Jahr, C. $\frac{1}{5}$ Jahr in der Handlung stehen läßt, und diese drei Personen in Allem 16617 Thlr. verlieren: wie viel wird alsdann ein Jeder vom Verluste tragen müssen?

15) Drei Kaufleute vereinigen sich zu einem Handelsgeschäfte dergestalt, daß A. 200 Thlr. zu 3 %, B. 300 Thlr. zu 4 %, C. 800 Thlr. zu 5 % zu demselben hergiebt. Wenn nun diese drei Personen nach Verlauf einer gewissen Zeit 2900 Thlr. gewinnen, wie groß wird alsdann der Gewinn eines Jeden sein?

16) Drei Kaufleute vereinigen sich zu einem Handelsgeschäfte. A legt 50 Thlr., B. 80 Thlr. und C. 100 Thlr. zu demselben ein. Wenn nun A. sein Geld zu $2\frac{1}{3}$ %, B zu $2\frac{1}{2}$ % und C, zu $3\frac{1}{3}$ % in den Handel giebt, und diese drei Kaufleute in Allem 1950 Thlr. gewinnen, wie viel wird alsdann ein Jeder vom Gewinne erhalten?

17) Zwei Kaufleute betreiben ein Handelsgeschäft dergestalt mit einander, daß A. 20 Thlr. zu 2 % und B. 40 Thlr. zu 3 % einlegt. Wenn nun A. sein Geld 3 Monate und B. 4 Monate in der Handlung stehen läßt, und diese beiden Kaufleute 60 Thlr. gewinnen, wie viel wird alsdann einem Jeden vom Gewinne gebühren?

18) Wenn 4 Handelsleute sich zu einem Waarengeschäft dergestalt vereinigen, daß A. 100 Thlr. zu 3 %, B. 300 Thlr. zu 4 %, C. 400 Thlr. zu 2 % und D. 700 Thlr. zu 5 % zu demselben hergiebt, A. aber sein Geld 4, B. 5, C. 6 und D. 7 Jahre in der Handlung stehen läßt, und diese vier Personen in Allem 7300 Thlr. verlieren: wie groß wird alsdann der Verlust eines Jeden sein?

19) Zwei Personen gewinnen an einem Handel 68 Thlr. Wenn nun A. 20 Thlr. zu $2\frac{1}{2}$ % auf $1\frac{3}{5}$ Monat und B. 60 Thlr. zu $4\frac{2}{7}$ % auf $2\frac{1}{3}$ Monat zu diesem Handel hergegeben hat, wie groß wird alsdann der Gewinn eines Jeden sein?

20) Wenn drei Personen an einem Handel $3190\frac{1}{7}$ Thlr. gewinnen und A. $114\frac{1}{3}$ Thlr. zu $1\frac{1}{2}$ % auf $3\frac{1}{3}$ Jahr, B. $213\frac{1}{3}$ Thlr. zu $2\frac{1}{5}$ % auf $3\frac{1}{4}$ Jahr und C. $300\frac{3}{4}$ Thlr. zu $2\frac{2}{3}$ % auf $6\frac{2}{3}$ Jahr eingelegt hat: wie viel wird alsdann ein Jeder vom Gewinne erhalten?

21) 3 Bäcker backen in einer Nacht 675 Brote. B. bäckt halb so viel und C. drei mal so viel als A.; wie viel Brote bäckt ein Jeder?

22) Vier Personen machen einen Handel. B. legt zwanzig mal so viel ein als A., C. halb so viel als B. und D. dreimal so viel als A. Sie gewinnen im Ganzen 272 Thlr.; wie viel erhält Jeder?

23) A., B. und C. sollen sich in das Erbtheil ihres Vaters, welches

aus 1600 Thlrn. besteht, dergestalt theilen, daß A. $\frac{1}{2}$ Theil, B. $\frac{1}{3}$ Theil und C. $\frac{1}{4}$ Theil erhalte; wie viel bekommt Jeder?

24) A., B., C. und D. gewinnen an einem Handel 1490 Thlr. B. erhält $5\frac{1}{2}$ mal, C. $2\frac{2}{3}$ mal und D. $3\frac{1}{4}$ mal so viel als A.; was bekommt ein Jeder?

25) Drei Knaben erhalten von ihren Eltern 16 Gr. zum Jahrmarkte; wie viel erhält ein Jeder, wenn B. drei mal und C. vier mal so viel als A. bekommt?

26) Drei Personen zahlen gemeinschaftlich 89 Gr. in die Armenbüchse; wie viel Groschen giebt eine jede von ihnen, wenn A. 1 Theil + 3 Gr., B. 2 Theile und C. 4 Theile + 2 Gr. hineinlegt?

27) Fünf Pferdehändler haben zusammen 160 Pferde, und zwar so, daß B. drei mal, C. zwei mal, E. vier mal so viel als A., und D. zwei mal so viel als B besitzt; wie viel Pferde hat ein Jeder?

Resultate dieser Uebungsbeispiele.

1) A. erhält 540 Thlr., B. 720 Thlr., C. 900 Thlr. und D. 1440 Thlr.; 2) 30 Loth Silber und 10 Loth Kupfer; 3) A. verliert 360 Thlr., B. 540 Thlr. und C. 900 Thlr.; 4) A. zahlt 40 Thlr., B. 80 Thlr., C. 120 Thlr. und D 160 Thlr. Fracht; 5) A. bezahlt $22\frac{6}{7}$ Thlr., B. $34\frac{2}{7}$ Thlr., C. $45\frac{5}{7}$ Thlr. und D. $91\frac{3}{7}$ Thlr.; 6) A. gewinnt 3204 Thlr., B. $1603\frac{1}{5}$ Thlr., C. 4808 Thlr. und D. $12802\frac{2}{5}$ Thlr.; 7) A. $15\frac{3}{4}$ Thlr., B. $33\frac{3}{4}$ Thlr. u. C. $29\frac{1}{4}$ Thlr.; 8) 250 Thlr. Münze und 50 Thlr. Courant; 9) A. verliert $66\frac{2}{3}$ Thlr., B. 100 Thlr., C. $133\frac{1}{3}$ Thlr. und D. $166\frac{2}{3}$ Thlr.; 10) A. mähet 3, B. 9 und C. 54 Garben; 11) 760 Thlr.; 12) A. erhält 600 Thlr., B. 1600 Thlr. und C. 2500 Thlr.; 13) A. verliert 4000 Thlr., B. 4000 Thlr. und C. 3000 Thlr.; 14) A. verliert 5652 Thlr., B. 9834 Thlr. und C. 1131 Thlr.; 15) A. erhält 300 Thlr., B. 600 Thlr. und C. 2000 Thlr.; 16) A. erhält 350 Thlr., B 600 Thlr. und C. 1000 Thlr.; 17) A. erhält 12 Thlr. und B. 48 Thlr.; 18) A. verliert 240 Thlr., B. 1200 Thlr., C. 960 Thlr. und D. 4900 Thlr.; 19) A. gewinnt 8 Thlr. und B 60 Thlr.; 20) A. gewinnt 245 Thlr., B. $653\frac{5}{7}$ Thlr. und C. $2291\frac{3}{7}$ Thlr.; 21) A. bäckt 150, B. 75 und C. 450 Brote; 22) A. gewinnt 8 Thlr., B. 160 Thlr., C. 80 Thlr. und D. 24 Thlr.; 23) A. erhält $738\frac{6}{13}$ Thlr., B. $492\frac{4}{13}$ Thlr. und C. $369\frac{3}{13}$ Thlr.;

24) A. gewinnt 120 Thlr., B. 660 Thlr., C. 320 Thlr. und D. 390 Thlr.; 25) A. erhält 2, B. 6 und C. 8 Gr.; 26) A. zahlt 15, B. 24 und C. 50 Gr.; 27) A. hat 10, B. 30, C. 20, D. 60 und E. 40 Pferde.

X.

Uebungsbeispiele zum elften Kapitel.

1) Drei Sorten Silber, nämlich 14=, 10= und 8löthiges, sollen in eihe Masse zusammengeschmolzen werden. Wie viel löthig wird dieselbe sein müssen?
2) Wenn 4 Sorten Gold, nämlich 20=, 15=, 14= und 12karatiges mit einander versetzt werden sollen, wie viel karatig wird die hierdurch entstandene Mischung sein?
3) Wenn dreierlei Gold, nämlich $20\frac{1}{4}$=, $17\frac{3}{4}$=, und $15\frac{11}{12}$karatiges, in eine Masse zusammengescholzen werden soll, wie viel karatig wird dieselbe sein müssen?
4) Sechs Sorten Wein, wovon ein Quart der ersten Sorte $22\frac{1}{5}$, eins der zweiten $20\frac{2}{3}$, ein der dritten $18\frac{1}{6}$, eins der vierten $16\frac{2}{5}$ eins der fünften $14\frac{1}{15}$ und eins der sechsten $12\frac{7}{30}$ Gr. gilt, sollen mit einander vermischt werden. Wie viel kostet ein Quart dieser Mischung?
5) Vier Sorten Wein, wovon ein Eimer der ersten Sorte 20, einer der zweiten 30, einer der dritten 40 und einer der vierten 50 Thlr. kostet, sollen dergestalt mit einander vermischt werden, daß 5 Eimer der ersten Sorte, 8 Eimer der zweiten, 9 Eimer der dritten und 10 Eimer der vierten aus der Mischung hervorgehen. Wie viel wird nun ein Eimer dieser Mischung kosten?
6) Es sollen 35 Mark 16karatigen und 40 Mark 12karatigen Goldes mit einander vermischt werden; wie viel karatig ist die hierdurch entstandene Masse?
7) Wenn $18\frac{1}{2}$ Pfund $2\frac{2}{37}$pfündigen mit $30\frac{3}{4}$ Pfund $5\frac{1}{3}$pfündigen Zinnes versetzt werden sollen, wie viel pfündig ist alsdann die hierdurch entstandene Masse?
8) Wenn 2 Sorten Wein, wovon ein Quart der ersten Sorte 15 und eins der zweiten 9 Gr. gilt, so mit einander vermischt werden sollen, daß die hierdurch entstandene Mischung 600 Quart enthalte, wovon aber das Quart nur 11 Gr. kostet; wie viel wird man von jeder Sorte dazu nöthig haben?
9) Jemand will aus 14= und 10löthigem Silber $14\frac{2}{7}$ Mark

$13\frac{1}{3}$ löthigen Silbers bereiten; wie viel hat er von jeder Sorte dazu nöthig?

10) Ein Weinhändler will aus einer Sorte Wein, wovon das Quart 19 Gr. gilt, 76 Quart bereiten, wovon aber 1 Quart nur 16 Gr. kostet. Wie viel Wein und wie viel Wasser wird er dazu nöthig haben?

11) Wenn ein Weinhändler 20 Eimer Wein, wovon der Eimer 14 Thlr. gilt, dergestalt mit Wasser vermischen soll, daß aus dieser Mischung eine Sorte Wein hervorgehe, wovon der Eimer nur 10 Thlr. kostet: wie viel Wasser wird er dazu nöthig haben?

12) Wenn ein Weinhändler 5 Sorten Wein, wovon ein Eimer der ersten Sorte 28, einer der zweiten 26, einer der dritten 25, einer der vierten 20 und einer der fünften 14 Thlr. gilt, so mit einander vermischen soll, daß 93 Eimer, wovon der Eimer 23 Thlr. gilt, aus dieser Mischung entstehen: wie viel wird er von jeder Sorte dazu nehmen?

13) Ein Goldarbeiter soll aus 15=, 13=, 12=, 11=, 10=, 9=, 7= und 6löthigem Silber $52\frac{4}{5}$ Mark 8löthigen Silbers bereiten; wie viel hat er von jeder Sorte nöthig?

14) Man soll 18=, 17=, 16=, 14=, 10=, 8= und 5karatiges Gold dergestalt versetzen, daß eine Masse von $53\frac{1}{8}$ Mark 15karatigen Goldes entstehe; wie viel wird man von jeder Sorte dazu nehmen?

15) Wenn zwölf Sorten Wein, wovon ein Quart der ersten Sorte 23, eins der zweiten 22, eins der dritten 21, eins der vierten 20, eins der fünften 18, eins der sechsten 16, eins der siebenten 14, eins der achten 12, eins der neunten 11, eins der zehnten 10, eins der elften 8 und eins der zwölften 7 Gr. gilt, so mit einander vermischt werden sollen, daß 232 Quart entstehen, wovon das Quart nur 15 Gr. kostet: wie viel wird man von jeder Sorte dazu nöthig haben?

16) Wenn 14=, 13=, 12=, 9=, 8= und 7löthiges Silber so mit Kupfer versetzt werden soll, daß 58 Mark 10löthigen Silbers entstehen, wie viel hat man von jeder Sorte dazu nöthig?

17) Wenn 22=, 20=, 19=, 16=, 15=, 14=, 13=, 11=, 10=, 9=, 8=, 7=, 6=, 5= und 4karatiges Gold dergestalt versetzt werden soll, daß 81 Mark 12karatigen Goldes entstehen, wie viel wird man von jeder Sorte dazu nehmen?

18) Ein Goldarbeiter soll $14\frac{2}{7}$=, $12\frac{3}{14}$=, $11\frac{1}{2}$=, 10= und $9\frac{3}{7}$löthiges Silber so mit einander vermischen, daß $9\frac{6}{7}$ Mark $11\frac{6}{7}$löthigen Silbers entstehen; wie viel wird er von jeder Sorte dazu nöthig haben?

19) Ein Goldarbeiter will aus 2=, 5=, 6=, 7=, 9=, 10=, 11= und 18karatigem Golde 280 Mark 8karatiges bereiten, wie viel wird er von jeder Sorte dazu nehmen?

20) Wenn fünf Sorten Wein, wovon ein Quart der ersten Sorte 25, eins der zweiten 24, eins der dritten 21, eins der vierten

18 und eins der fünften 5 Gr. gilt, so mit einander vermischt werden sollen, daß 680 Quart entstehen, wovon das Quart nur 7 Gr. kostet: wie viel wird man von jeder Sorte dazu nehmen?

21) Aus 1=, 2=, 4=, 5=, 6=, 9=, 10=, 11=, 14=, 15= und 16löthigem Silber will ein Silberarbeiter 539 Mark 13löthiges bereiten; wie viel wird er von jeder Sorte dazu nehmen?

Resultate dieser Uebungsbeispiele.

1) $10\frac{2}{3}$ löthig; 2) $15\frac{1}{4}$ karatig; 3) $17\frac{35}{36}$ karatig; 4) $17\frac{13}{45}$ Gr.; 5) $37\frac{1}{2}$ Thlr.; 6) $13\frac{13}{15}$ karatig; 7) $4\frac{20}{197}$ pfündig; 3) 200 Quart von der ersten und 400 Quart von der zweiten Sorte; 9) $11\frac{19}{21}$ Mark von der ersten und $2\frac{8}{21}$ Mark von der zweiten Sorte; 10) 64 Quart Wein und 12 Quart Wasser; 11) 8 Eimer Wasser; 12) 27 Eimer von der ersten Sorte, 27 Eimer von der zweiten und 9 Eimer dritten, 6 Eimer von der vierten und 24 Eimer von der fünften; 13) $3\frac{1}{5}$ Mark von der ersten Sorte, $3\frac{1}{5}$ Mark von der zweiten, $3\frac{1}{5}$ Mark von der dritten, $3\frac{1}{5}$ Mark v. d. vierten, $3\frac{1}{5}$ Mark v. d. fünften, $1\frac{3}{5}$ Mark v. d. sechsten, $1\frac{3}{5}$ Mark v. d. siebenten u. $33\frac{3}{5}$ Mark v. d. achten; 14) $28\frac{1}{3}$ Mark von der ersten Sorte, $8\frac{1}{3}$ Mark von der zweiten, $1\frac{2}{3}$ Mark von der dritten, $1\frac{2}{3}$ Mark von der vierten, $3\frac{1}{3}$ Mark von der fünften, 5 Mark von der sechsten und 5 Mark von der siebenten; 15) 32 Quart von der ersten Sorte, 28 Quart von der zweiten, 20 Quart von der dritten, 16 Quart von der vierten, 12 Quart von der fünften, 4 Quart von der sechsten, 4 Quart von der siebenten, 12 Quart von der achten, 20 Quart von der neunten, 24 Quart von der zehnten, 28 Quart von der elften und 32 Quart von der zwölften; 16) 26 Mark von der ersten Sorte, 4 Mark von der zweiten, 2 Mark von der dritten, 4 Mark von der vierten, 6 Mark von der fünften, 8 Mark von der sechsten und 8 Mark Kupfer; 17) 15 Mark von der ersten Sorte, 6 Mark von der zweiten, 5 Mark von der dritten, 4 Mark von der vierten, 3 Mark von der fünften, 2 Mark von der sechsten, 1 Mark von der siebenten, 1 Mark von der achten, 2 Mark von der neunten, 3 Mark von der zehnten, 4 Mark von der elften, 7 Mark von der zwölften, 8 Mark von der dreizehnten, 10 Mark von der vierzehnten und 10 Mark von der funfzehnten; 18) $4\frac{2}{7}$ Mark von der ersten Sorte, $\frac{5}{14}$ Mark von der zweiten, $\frac{5}{14}$ Mark von der dritten, $2\frac{2}{7}$ Mark von der vierten und $2\frac{2}{7}$ Mark von der fünften; 19) 100 Mark von der ersten, 30 Mark von der zweiten, 20 Mark von der dritten, 10 Mark von der vierten, 10 Mark von der fünften, 20 Mark von der sechsten, 30 Mark von der siebenten und 60 Mark von der achten Sorte; 20) von der ersten Sorte 20, von der zweiten 20, von der dritten 20, von der vierten 20 und von der fünften 600 Quart; 21) 21 Mark von der ersten, 21 Mark von der zweiten, 21 Mark von der dritten, 21 Mark von der vierten,

21 Mark von der fünften, 21 Mark von der sechsten, 14 Mark von der siebenten, 7 Mark von der achten, 14 Mark von der neunten, 21 Mark von der zehnten und 357 Mark von der elften Sorte.

XI.

Vermischte Uebungsbeispiele.

1) Eine Summe von 1200 Thlrn. soll unter zwei Personen, **A.** und **B.**, so getheilt werden, daß sich der Antheil des **A.** zum Antheile des **B.** wie 2 zu 7 verhalte*); wie viel erhält Jeder?

2) Zwei Freunde begegneten einem Pferdehändler, der ein schönes Pferd führte, und entschlossen sich, es gemeinschaftlich zu kaufen. Als sie wegen des Preises einig waren, fand sich, daß der eine den fünften, der andere nur den siebenten Theil zu bezahlen im Stande sei; so viel schossen sie denn auch wirklich zusammen und bezahlten damit dem Verkäufer abschläglich 48 Thlr. Wie hoch kam das Pferd zu stehen?

3) 1170 Thlr. sollen unter drei Personen, **A.**, **B.** und **C.**, nach Verhältniß ihres Alters vertheilt werden. Nun ist **B.** um den driten Theil älter, **C.** aber doppelt so alt als **A.**; wie viel erhält Jeder?

4) Den dritten Theil meiner Einkünfte, sagte Jemand verwende ich auf Kost und Miethe, den achten Theil auf Kleidung und Wäsche, den zehnten Theil auf Nebenausgaben, und erspare dabei noch jährlich 318 Thlr. Wie hoch belaufen sich seine jährlichen Einkünfte?

5) Ein Spieler verlor in dem ersten Spiele den sechsten Theil, in dem zweiten den zehnten Theil seiner mitgebrachten Baarschaft, gewann aber im dritten Spiele den dritten Theil derselben wieder. Er zählte sein Geld und fand, daß er 3 Thlr. gewonnen habe. Wie viel hatte er mitgebracht?

6) Eine Gesellschaft von 90 Personen besteht aus Männern, Weibern und Kindern; der Männer sind 4 mehr als der Weiber, der Kinder 10 mehr als der Erwachsenen. Wie viel Männer, Weiber und Kinder befinden sich in der Gesellschaft?

7) Ein Vater schenkt seinen fünf Söhnen zusammen 1000 Thlr., welche sie nach der Stufenfolge ihres Alters unter sich theilen sollen, so daß jeder ältere 20 Thlr. mehr bekomme, als der zunächst jüngere. Wie wiel wird der jüngste Sohn erhalten?

*) oder, daß **A** 2 Theile und **B** 7 Theile bekomme.

8) Ich hatte einmal 42 Thlr. bei mir; hiervon gab ich ein Gewisses aus, und behielt noch drei mal so viel übrig, als ich ausgegeben hatte. Wie viel hatte ich ausgegeben?

9) An einem vollen Weinfasse befinden sich drei Spundlöcher; durch das erste könnte der Wein in 2, durch das zweite in 3 und durch das dritte in 4 Stunden abgezapft werden. Welche Zeit wird zur Abzapfung erfordert, wenn alle drei Spundlöcher zu gleich geöffnet werden?

10) Ein Bedienter soll zum Jahreslohn 30 Thlr. und ein Kleid erhalten. Wenn ihm nun sein Herr nach 4 Monaten seinen Abschied und das Kleid zum Lohne mitgiebt, wie theuer hat er das Kleid gerechnet?

11) Wenn ich $3\frac{1}{2}$ mal so viel Geld hätte, als ich habe, so hätte ich 375 Thlr. mehr, als ich habe; wie viel Thaler habe ich?

12) Es wollte Jemand gern die Anzahl der Nonnen in einem Kloster wissen und sagte zu einer von ihnen, daß ihrer wohl 50 sein möchten; erhielt aber zur Antwort: Unserer sind nicht 50, sondern wären unserer noch so viel, halb so viel, ein Drittel so viel, ein Viertel so viel und noch 13, so würden 50 herauskommen. Wie viel viel waren nun Nonnen im Kloster?

13) Ein Sohn erhielt von seinem Vater folgende Erklärung über sein Alter: Wenn du zu deinem Alter noch die Hälfte, $\frac{2}{3}$ Theil, $\frac{3}{4}$ Theil, $\frac{4}{5}$ Theil und $\frac{5}{6}$ Theil addirst, und überdies noch 9 Jahre, so kommen 100 Jahre heraus. Wie alt war der Sohn?

14) Zwei Freunde wollten gern noch spät in einem Wirtshause aufgenommen werden; deswegen erbot sich der erste, dreifaches, und der andere, fünffaches Schlafgeld zu geben. Der Wirth empfing nun 24 Gr. von beiden. Wie viel betrug das Schlafgeld?

15) Zwei Personen wollten auf einem Markte ein Pferd kaufen. Wie sie um den Preis eins waren, fand sich's, daß der eine mit seinem Gelde nur den siebenten Theil, der andere nur den neunten Theil bezahlen konnte, und doch hatten beide 32 Thlr. bei sich. Wie theuer war dieses Pferd?

16) Zwei Personen hatten eine Summe Geldes zusammen verzehrt. Die eine fand, daß sie von ihrem Vorrathe nur $\frac{1}{3}$ der Zeche zahlen konnte; hingegen hatte die andere gerade doppelt so viel Geld bei sich als sie schuldig waren. Wie sie nun die Zeche bezahlt hatten, war ihr ganzer Vorrath noch 40 Thlr. Wie groß war die Zeche?

17) Drei Personen sahen auf einem Tische Geld aufgezählt. A. sagte: Ich habe drei mal so viel in meinem Beutel. B. sagte: Ich habe viermal so viel als A. C. sagte: Ich habe fünf mal so viel als B. Zusammen hatten sie 600 Thlr. Wie viel lag auf dem Tische?

18) Einer hatte etliche Arbeiter. Wenn er jedem 9 Gr. giebt, so

behält er 32 Gr. übrig; giebt er jedem 11 Gr., so fehlen ihm 32 Gr. Wie viel sind es Arbeiter?

19) Jemand verspielte im ersten Spiele $\frac{1}{5}$, im andern $\frac{1}{4}$, im dritten $\frac{1}{3}$ seines Vermögens, und behielt noch 26 Gr. übrig; wie groß war dieses Vermögen?

20) Alexander sprach zu seinen Generalen: Ich bin 2 Jahr älter als Hephästion. Klitus sagte: Ich bin 4 Jahre älter, als ihr beide zusammen. Kallisthenes setzte hinzu: Mein Vater war 96 Jahre alt, und so alt als alle drei. Wie alt war Jeder?

21) Ich gab aus einem Korbe voll Aepfel einer Anzahl Kinder jedem 4 Stück und behielt 44 Stück übrig. Ich ließ mir darauf alle Aepfel zurückgeben und gab jedem Kinde 6 Aepfel, da behielt ich 12 Stück übrig. Wie viel Kinder waren es und wie Aepfel hatte ich Anfangs?

22) Nachdem zwei Schäfer eine fremde Heerde Schafe gezählt hatten, sagte **A.**: Ich habe nur $\frac{1}{3}$ so viel. **B.** sagte: Ich habe nur $\frac{1}{4}$ so viel. Darauf erwiederte **A.**: So habe ich 17 Schaafe mehr als Du. Wie viel Schaafe enthielt die Heerde?

23) Vermöge eines Testamentes soll die Wittwe die Hälfte des ganzen Vermögens, der Bruder den dritten Theil und das Uebrige die Kirche haben. Nun bekam die Kirche 100 Thlr. Wie groß war das Vermögen?

24) Die Glocke hat — geschlagen, rief der Nachtwächter aus. Wie viel hat's geschlagen? fragte ein Nachtschwärmer, worauf jener erwiederte: Die Hälfte, das Drittel und das Viertel der Stunden ist um 1 größer, als ihre Anzahl. Wie viel hat es geschlagen?

25) Ein Offizier schreibt: die Hälfte meines Kommandos ist gefangen, der vierte Theil auf dem Platze geblieben nnd der siebente Theil hart verwundet, folglich habe ich nur noch 3 Mann bei mir. Wie stark war sein Kommando?

26) Eine Gesellschaft besteht halb aus Theologen, $\frac{1}{5}$ aus Juristen und aus 15 Damen; wie stark war die Gesellschaft?

27) Der Fuß einer Säule ist $5\frac{1}{2}$ Fuß hoch; das darauf stehende Holzwerk beträgt die Hälfte der ganzen Säule; über dem Holze liegt Kupfer, dessen Höhe $\frac{1}{5}$, und darüber eine Vergoldung, deren Höhe $\frac{1}{7}$ der ganzen Säule ausmacht. Wie hoch ist die Säule?

28) Nachdem von einer Gesellschaft jede Person 4 Thlr. gegeben hatte, hatte man 20 Thlr. zu wenig, um die Zeche zu bezahlen, und, nachdem jede Person noch 1 Thlr. nachgeschossen, behielt man nach der Bezahlung noch 5 Thlr. übrig. Wie viel Personen waren in der Gesellschaft und wie hoch belief sich die Zeche?

29) Einem Weintrinker werden auf eine Woche 14 Bouteillen Wein zum Geschenk versprochen, doch so, daß er an jedem folgenden Tage $\frac{1}{3}$ Bouteille mehr trinke als am vorhergehenden, und am siebenten Tage Alles verzehrt sei. Wie viel muß er täglich trinken?

30) Ich kaufte Tuch, 5 Ellen für 7 Thaler, und verkaufte es wieder, 7 Ellen für 11 Thlr. Bei dem Handel habe ich 100 Thlr. gewonnen. Wie viel Ellen sind es gewesen?

31) Einem Boten, der jede Stunde $\frac{1}{2}$ Meile geht, wird ein anderer Bote nachgeschickt, der in jeder Stunde $\frac{3}{4}$ Meile zurücklegt, da der erste schon 5 Meilen voraus hat; in wie viel Stunden wird der letzte den ersten einholen?

32) Zwei Boten, die 360 Meilen von einander entfernt sind, gehen zu gleicher Zeit ab und gegen einander, der eine täglich 5, der andere 3 Meilen; an welchem Tage begegnen sie sich?

33) Ein Mann schreibt täglich 5 Bogen. Nachdem er schon 5 Tage gearbeitet, fängt ein anderer, der täglich 7 Bogen schreibt, zu arbeiten an. Wie viel Bogen haben beide geschrieben, wenn ihre Arbeit gleich ist?

34) Ein Sterbender bestimmt in seinem Testamente seiner Frau die Hälfte seines hinterlassenen Vermögens, jedem von seinen beiden Söhnen den sechsten Theil, seinem Bedienten den zwölften Theil und die noch übrigen 600 Thlr. den Armen. Wie groß war sein hinterlassenes Vermögen?

35) Zu einem bevorstehenden Kriege sollen drei Städte, **A.**, **B.** und **C.**, ihr Contingent von 594 Mann stellen; die Vertheilung soll nach Verhältniß ihrer Voksmenge geschehen. Wenn nun die Volksmenge von **A.** zu der von **B.** wie 3 zu 5*), die Volksmenge von **B.** aber sich zu der von **C.** wie 8 zu 7 verhält, wie viel Mann wird alsdann jede Stadt stellen müssen?

Resultate dieser Uebungsbeispiele.

1) **A.** 266$\frac{2}{3}$ Thlr., **B.** 933$\frac{1}{3}$ Thlr.; 2) 140 Thlr.; 3) **A.** 270 Thlr., **B.** 360 Thlr., **C.** 540 Thlr.; 4) 720 Thlr.; 5) 45 Thlr.; 6) 22 Männer, 18 Weiber, 50 Kinder; 7) 160 Thlr.; 8) 10$\frac{1}{2}$ Thlr.; 9) 55$\frac{5}{13}$ Minuten; 10) 15 Thlr.; 11) 150 Thlr.; 12) 12 Nonnen; 13) 20 Jahre; 14) 3 Gr.; 15) 126 Thlr.; 16) 30 Thlr.; 17) 8 Thlr.; 18) 32 Arbeiter; 19) 120 Gr.; 20) Alexander 24, Hephästion 22 und Klitus 50 Jahre; 21) 16 Kinder und 108 Aepfel; 22) 204 Schaafe; 23) 600 Thlr.; 24) 12 Uhr; 25) 28 Mann; 26) 50 Personen; 27) 35 Fuß hoch; 28) 25 Personen, 120 Thlr. Zeche; 29) 1, 1$\frac{1}{3}$, 1$\frac{2}{3}$, 2, 2$\frac{1}{3}$, 2$\frac{2}{3}$, 3 Flaschen; 30) 583$\frac{1}{3}$ Ellen; 31) in 20 Stunden; 32) am 45sten Tage; 33) 175 Bogen; 34) 7200 Thlr.; 35) **A.** 144 Mann, **B.** 240 Mann, **C.** 210 Mann.

*) oder wenn **A.** 3 Theile und **B.** 5 Theile besitzt.

XII.

Das Eins und Eins.

1	und	1	sind	2
1	=	2	=	3
1	=	3	=	4
1	=	4	=	5
1	=	5	=	6
1	=	6	=	7
1	=	7	=	8
1	=	8	=	9
1	=	9	=	10

2	und	2	sind	4
2	=	3	=	5
2	=	4	=	6
2	=	5	=	7
2	=	6	=	8
2	=	7	=	9
2	=	8	=	10
2	=	9	=	11

3	und	3	sind	6
3	=	4	=	7
3	=	5	=	8
3	=	6	=	9
3	=	7	=	10
3	=	8	=	11
3	=	9	=	12

4	und	4	sind	8
4	=	5	=	9
4	=	6	=	10
4	=	7	=	11
4	=	8	=	12
4	=	9	=	13

5	und	5	sind	10
5	=	6	=	11
5	=	7	=	12
5	=	8	=	13
5	=	9	=	14

6	und	6	sind	12
6	=	7	=	13
6	=	8	=	14
6	=	9	=	15

7	und	7	sind	14
7	=	8	=	15
7	=	9	=	16

8	und	8	sind	16
8	=	9	=	17

9	und	9	sind	18

XIII.

Das Eins von Eins.

---

1 von 1 bleibt 0
2 = 2 = 0
2 = 3 = 1
2 = 4 = 2
2 = 5 = 3
2 = 6 = 4
2 = 7 = 5
2 = 8 = 6
2 = 9 = 7

---

3 von 3 bleibt 0
3 = 4 = 1
3 = 5 = 2
3 = 6 = 3
3 = 7 = 4
3 = 8 = 5
3 = 9 = 6

---

4 von 4 bleibt 0
4 = 5 = 1
4 = 6 = 2
4 = 7 = 3
4 = 8 = 4
4 = 9 = 5

5 von 5 bleibt 0
5 = 6 = 1
5 = 7 = 2
5 = 8 = 3
5 = 9 = 4

---

6 von 6 bleibt 0
6 = 7 = 1
6 = 8 = 2
6 = 9 = 3

---

7 von 7 bleibt 0
7 = 8 = 1
7 = 9 = 2

---

8 von 8 bleibt 0
8 = 9 = 1

---

9 von 9 bleibt 0

XIV.

Das kleine Ein mal Eins.

a.

1	mal	1	ist	1
1	=	2	=	2
1	=	3	=	3
1	=	4	=	4
1	=	5	=	5
1	=	6	=	6
1	=	7	=	7
1	=	8	=	8
1	=	9	=	9
2	mal	2	ist	4
2	=	3	=	6
2	=	4	=	8
2	=	5	=	10
2	=	6	=	12
2	=	7	=	14
2	=	8	=	16
2	=	9	=	18
3	mal	3	ist	9
3	=	4	=	12
3	=	5	=	15
3	=	6	=	18
3	=	7	=	21
3	=	8	=	24
3	=	9	=	27

4	mal	4	ist	16
4	=	5	=	20
4	=	6	=	24
4	=	7	=	28
4	=	8	=	32
4	=	9	=	36
5	mal	5	ist	25
5	=	6	=	30
5	=	7	=	35
5	=	8	=	40
5	=	9	=	45
6	mal	6	ist	36
6	=	7	=	42
6	=	8	=	48
6	=	9	=	54
7	mal	7	ist	49
7	=	8	=	56
7	=	9	=	63
8	mal	8	ist	64
8	=	9	=	72
9	mal	9	ist	81

b.

1	2	3	4	5	6	7	8	9	10
2	4	6	8	10	12	14	16	18	20
3	6	9	12	15	18	21	24	27	30
4	8	12	16	20	24	28	32	36	40
5	10	15	20	25	30	35	40	45	50
6	12	18	24	30	36	42	48	54	60
7	14	21	28	35	42	49	56	63	70
8	16	24	32	40	48	56	64	72	80
9	18	27	36	45	54	63	72	81	90
10	20	30	40	50	60	70	80	90	100

XV.

Das große Ein mal Eins.

1	2	3	4	5	6	7	8	9	10
11	22	33	44	55	66	77	88	99	110
12	24	36	48	60	72	84	96	108	120
13	26	39	52	65	78	91	104	117	130
14	28	42	56	70	84	98	112	126	140
15	30	45	60	75	90	105	120	135	150
16	32	48	64	80	96	112	128	144	160
17	34	51	68	85	102	119	136	153	170
18	36	54	72	90	108	126	144	162	180
19	38	57	76	95	114	133	152	171	190
20	40	60	80	100	120	140	160	180	200
21	42	63	84	105	126	147	168	189	210
22	44	66	88	110	132	154	176	198	220
23	46	69	92	115	138	161	184	207	230
24	48	72	96	120	144	168	192	216	240
25	50	75	100	125	150	175	200	225	250
26	52	78	104	130	156	182	208	234	260
27	54	81	108	135	162	189	216	243	270
28	56	84	112	140	168	196	224	252	280
29	58	87	116	145	174	203	232	261	290

1	2	3	4	5	6	7	8	9	10
30	60	90	120	150	180	210	240	270	300
31	62	93	124	155	186	217	248	279	310
32	64	96	128	160	192	224	256	288	320
33	66	99	132	165	198	231	264	297	330
34	68	102	136	170	204	238	272	306	340
35	70	105	140	175	210	245	280	315	350
36	72	108	144	180	216	252	288	324	360
37	74	111	148	185	222	259	296	333	370
38	76	114	152	190	228	266	304	342	380
39	78	117	156	195	234	273	312	351	390
40	80	120	160	200	240	280	320	360	400
41	82	123	164	205	246	287	328	369	410
42	84	126	168	210	252	294	336	378	420
43	86	129	172	215	258	301	344	387	430
44	88	132	176	220	264	308	352	396	340
45	90	135	180	225	270	315	360	405	450
46	92	138	184	230	276	322	368	414	460
47	94	141	188	235	282	329	376	423	470
48	96	144	192	240	288	336	384	432	480
49	98	147	196	245	294	343	392	441	490
50	100	150	200	250	300	350	400	450	500
51	102	153	204	255	306	357	408	459	510
52	104	156	208	260	312	364	416	468	520
53	106	159	212	265	318	371	424	477	330
54	108	162	216	270	324	378	432	486	540
55	110	165	220	275	330	385	440	495	550
56	112	168	224	280	336	392	448	504	560
57	114	171	228	285	342	399	456	513	570
58	116	174	232	290	348	406	464	522	580
59	118	177	236	295	354	413	472	531	590
60	120	180	240	300	360	420	480	540	600
62	122	183	244	305	366	427	488	549	610
61	124	186	248	310	372	434	496	558	620
63	126	189	252	315	378	441	504	567	630
64	128	192	256	320	384	448	512	576	640
65	130	195	260	325	390	455	520	585	650
66	132	198	264	330	396	462	528	594	660

1	2	3	4	5	6	7	8	9	10
67	134	201	268	335	402	469	536	603	670
68	136	204	272	340	408	476	544	612	680
69	138	207	276	345	414	483	552	621	690
70	140	210	280	350	420	490	560	630	700
71	142	213	284	355	426	497	568	639	710
72	144	216	288	360	432	504	576	648	720
73	146	219	292	365	438	511	584	657	730
74	148	222	296	370	444	518	592	666	740
75	150	225	300	375	450	525	600	675	750
76	152	228	304	380	456	532	608	684	760
77	154	231	308	385	462	539	616	693	770
78	156	234	312	390	468	546	624	702	780
79	158	237	316	395	474	553	632	711	790
80	160	240	320	400	480	560	640	720	800
81	162	243	324	405	486	567	648	729	810
82	164	246	328	410	492	574	656	738	820
83	166	249	332	415	498	581	664	747	830
84	168	252	336	420	504	588	672	756	840
85	170	255	340	425	510	595	680	765	850
86	172	258	344	430	516	602	688	774	860
87	174	261	348	435	522	609	696	783	870
88	176	264	352	440	528	616	704	792	880
89	178	267	356	445	534	623	712	801	890
90	180	270	360	450	540	630	720	810	900
91	182	273	364	455	546	637	728	819	910
92	184	276	368	460	552	644	736	828	920
93	186	279	372	465	558	651	744	837	930
94	188	282	376	470	564	658	752	846	940
95	190	285	380	475	570	665	760	855	950
96	192	288	384	480	576	672	768	864	960
97	194	291	388	485	582	679	776	873	970
98	196	294	392	590	588	686	784	882	980
99	198	297	396	495	594	693	792	891	980
100	200	300	400	500	600	700	800	900	1000

XVI.
Das Eins in Eins.

1 in 1 — 1 mal
2 = 2 — 1 =
2 = 4 — 2 =
2 = 6 — 3 =
2 = 8 — 4 =
2 = 10 — 5 =
2 = 12 — 6 =
2 = 14 — 7 =
2 = 16 — 8 =
2 = 18 — 9 =

3 in 3 — 1 mal
3 = 6 — 2 =
3 = 9 — 3 =
3 = 12 — 4 =
3 = 15 — 5 =
3 = 18 — 6 =
3 = 21 — 7 =
3 = 24 — 8 =
3 = 27 — 9 =

4 in 4 — 1 mal
4 = 8 — 2 =
4 = 12 — 3 =
4 = 16 — 4 =
4 = 20 — 5 =
4 = 24 — 6 =
4 = 28 — 7 =
4 = 32 — 8 =
4 = 36 — 9 =

5 in 5 — 1 mal
5 = 10 — 2 =
5 = 15 — 3 =
5 = 20 — 4 =
5 = 25 — 5 =
5 = 30 — 6 =
5 = 35 — 7 =
5 = 40 — 8 =
5 = 45 — 9 =

6 in 6 — 1 mal
6 = 12 — 2 =
6 = 18 — 3 =
6 = 24 — 4 =
6 = 30 — 5 =
6 = 36 — 6 =
6 = 42 — 7 =
6 = 48 — 8 =
6 = 54 — 9 =

7 in 7 — 1 mal
7 = 14 — 2 =
7 = 21 — 3 =
7 = 28 — 4 =
7 = 35 — 5 =
7 = 42 — 6 =
7 = 49 — 7 =
7 = 56 — 8 =
7 = 63 — 9 =

8 in 8 — 1 mal
8 = 16 — 2 =
8 = 24 — 3 =
8 = 32 — 4 =
8 = 40 — 5 =
8 = 48 — 6 =
8 = 56 — 7 =
8 = 64 — 8 =
8 = 72 — 9 =

9 in 9 — 1 mal
9 = 18 — 2 =
9 = 27 — 3 =
9 = 36 — 4 =
9 = 45 — 5 =
9 = 54 — 6 =
9 = 63 — 7 =
9 = 72 — 8 =
9 = 81 — 9 =

XVII.

Die gebräuchlichsten Geldeinheiten.*)

1 Thaler	enthält	24 Groschen (oder 30 Silbergroschen).
1 Groschen	„	12 Pfennige.
1 Gulden	„	16 Groschen (oder 60 Kreuzer).
1 Speciesthaler	„	1 Thaler 8 Groschen.
1 Louisd'or	„	5 Thaler Gold oder ohngefähr 5 Thaler 16 Groschen Courant.
1 Dukaten	„	2¾ Thaler Gold oder ungefähr 3 Thaler 5 Gr Courant.

XVIII.

Die gebräuchlichsten Längeneinheiten.

1 Rheinländische Ruthe hat 12 Fuß oder Schuh.
1 Rheinländischer Fuß hat 12 Zoll.
1 Rheinländischer Zoll hat 12 Linien oder Striche.
1 Berliner Elle hat 25½ Zoll.
1 Leipziger Elle hat 22 Zoll.
1 Elle hat 2 halbe, 3 Drittheile, 4 Viertheile, 6 Sechstheile, 8 Achttheile, 16 Sechszehntheile.
1 geographische deutsche Meile hat 23661 Rheinländische Fuß.
1 kleine deutsche Meile hat 20000 Rheinländische Fuß.
1 neue englische Meile hat 5135 Rheinländische Fuß.
1 neue französische Meile (Lieue) hat 14197 Rheinländische Fuß.
1 sächsische Meile hat 28878 Rheinländische Fuß.

XIX.

Die gebräuchlichsten Flächeneinheiten.

1 Quadratruthe (oder eine Q.Ruthe) enthält 144 Quadratfuß, 1 Quadratfuß = 144 Quadratzoll und 1 Quadratzoll = 144 Quadratlinien.

1 Magdeburger Morgen wird zu 180 Quadratruthen, und 1 Hufe zu 30 Morgen gerechnet.

---

*) Man bemerke, daß hier nur die wichtigsten Tabellen über Geldeinheiten, Längeneinheiten u. s. w. vorkommen.

XX.

Die hauptsächlichsten Körpereinheiten.

Die hauptsächlichsten Körpereinheiten sind: das Berliner Getreidemaß, das Weinmaß und Biermaß.

Bei dem Getreidemaaße hat man folgende Eintheilung getroffen:

Wispel,	Malter,	Scheffel,	Viertel,	Metzen.
1	2	24	96	384
	1	12	48	192
		1	4	16
			1	4

Bei dem Weinmaße ist:

Fuder,	Oxhoft,	Ohm,	Eimer,	Anker,	Quart.
1	4	6	12	24	768
	1	1½	3	6	192
		1	2	4	128
			1	2	64
				1	32

Bei dem Biermaße ist:

Gebräude,	Kuxen,	Faß,	Tonnen,	Oehmchen,	Quart.
1	9	18	36	144	3456
	1	2	4	16	384
		1	2	8	192
			1	4	96
				1	24

XXI.

Die Zeiteinheiten.

Die hauptsächlichsten Zeiteinheiten sind: ein Jahr, ein Monat, eine Woche, ein Tag, eine Stunde, eine Minute und eine Sekunde; und zwar besteht 1 Jahr aus 12 Monaten oder 52 Wochen, 1 Monat aus 30 Tagen, eine Woche aus 7 Tagen, 1 Tag aus 24 Stunden, 1 Stunde aus 60 Minuten, 1 Minute aus 60 Sekunden.

XXII.

Die gebräuchlichsten Gewichtseinheiten.

Hierzu gehören: ein Centner, ein Pfund, ein Loth und ein Quentchen; und zwar enthält:

1 Centner = 110 Pfund Handelsgewicht,
1 Pfund = 16 Unzen oder 32 Loth,
1 Loth = 4 Quentchen, 1 Unze = 2 Loth,
1 Quentchen oder eine Drachme = 60 Gran,
1 Scrupel = 20 Gran,
1 schwerer Stein = 22 Pfund,
1 leichter Stein = 11 Pfund.

XXIII.

Die hauptsächlichsten Einheiten blos gezählter Dinge.

Hierher gehören

a) bei Papier:

ein Ballen, ein Rieß, ein Buch, ein Bogen; und zwar besteht 1 Ballen aus 10 Rieß, 1 Rieß aus 20 Buch, 1 Buch Schreibpapier aus 24 und 1 Buch Druckpapier aus 25 Bogen;

b) bei andern Dingen:

ein Schock, ein Stück, eine Mandel und ein Dutzend; und zwar enthält 1 Schock 60 Stück, 1 Mandel 15 Stück und 1 Dutzend 12 Stück.

XXIV.

Die Gold- und Silber-Tabelle.

Man rechnet das feine unversetzte Gold nach Mark, die Mark zu 24 Karat; das feine unversetzte Silber ebenfalls nach Mark, die Mark zu 16 Loth, und das reine Zinn nach 10 Pfund. Gewöhnlich wird aber das feine Gold mit Silber, das feine Silber mit Kupfer und das reine Zinn mit Blei versetzt. In dieser Beziehung heißt z. B. das Gold 15 karatig, wenn in einer Mark 15 Karat feinen Goldes; das Silber 14 löthig, wenn in einer Mark 14 Loth feinen Silbers, und das Zinn 8 pfündig, wenn in 10 Pfunden 8 Pfunde reinen Zinnes enthalten sind, u. s. w.

Druckfehler:

Seite 90 Nr. 142 statt $4\frac{3}{8}$ lese $\frac{7}{40}$.

Von dem Verfasser gegenwärtiger Schrift sind erschienen und in derselben Verlagshandlung zu haben:

Die Rechenkunst.

Dritte sehr vermehrte und verbesserte Auflage. 19 Bogen, gr. 8. Preis 18 Gr.

Die analytische und ebene

Trigonometrie und Polygonometrie.

31 Bogen gr. 8. Mit 5 Figurentafeln.
Preis 1 Thlr. 16 Gr.

Lehrbuch der Physik.

Erster Band.

Mit 5 Figurentafeln. 31 Bogen gr. 8. Pris 2 Thlr.

Zweiter Band.

Mit 6 Figurentafeln. 32 Bogen gr. 8. Preis 2 Thlr.

Die Arithmetik, Algebra und allgemeine Größenlehre, die ebene Geometrie und die ebene Trigonometrie, nebst der Stereometrie und sphärischen Trigonometrie. Für Gymnasien und ähnliche Lehranstalten bearbeitet.

37 Bogen gr. 8. Mit 7 Figurentafeln. Preis 1 Thlr. 8 Gr.
Bei G. Kummer zu Zerbst.

FSC
www.fsc.org
MIX
Papier | Fördert
gute Waldnutzung
FSC® C083411

Zeitfracht Medien GmbH
Ferdinand-Jühlke-Straße 7
99095 Erfurt, Deutschland
produktsicherheit@kolibri360.de